行政办公人员 EXCEL 与 PPT 关键技能训练

杨婧　胡仁喜　编著

人民邮电出版社

北　京

图书在版编目（CIP）数据

行政办公人员EXCEL与PPT关键技能训练 / 杨婧，胡仁喜编著. -- 北京：人民邮电出版社，2019.11
ISBN 978-7-115-52275-7

Ⅰ. ①行… Ⅱ. ①杨… ②胡… Ⅲ. ①表处理软件②图形软件 Ⅳ. ①TP391.13②TP391.412

中国版本图书馆CIP数据核字 (2019) 第225656号

内 容 提 要

本书以 2019 版 Excel 和 PowerPoint 为基础，结合这两个办公软件在行政、文秘、财务、市场营销等工作中的众多应用实例，系统地介绍了 Excel 和 PowerPoint 的关键功能与应用技巧。

全书分为两篇，共计 13 章。第一篇为 Excel 办公应用篇，主要介绍了 Excel 2019 的基础知识及其在行政办公方面的应用实例，具体内容包括 Excel 2019 的基本操作、数据输入与格式化、数据管理与计算、使用图表展示数据、数据处理与分析、数据保护与共享、工作表设置与打印等。第二篇为 PowerPoint 办公应用篇，主要介绍了 PowerPoint 2019 的基础知识及其在行政办公方面的应用实例，具体内容包括 PowerPoint 2019 的基本操作、加工处理文本、应用多媒体对象、统一演示文稿风格、修饰演示文稿和展示幻灯片等。

本书内容全面、讲解充分、图文并茂、实用性强，适合行政办公人员作为自学教材，也可作为大中专院校、办公软件培训班的教材。

◆编　　著　杨　婧　胡仁喜
　责任编辑　李宝琳
　责任印制　彭志环
◆人民邮电出版社出版发行　　　　北京市丰台区成寿寺路 11 号
　邮编 100164　电子邮件 315@ptpress.com.cn
　网址 http://www.ptpress.com.cn
　三河市中晟雅豪印务有限公司印刷
◆开本：787×1092　1/16
　印张：20　　　　　　　　　　2019 年 11 月第 1 版
　字数：400 千字　　　　　　　2019 年 11 月河北第 1 次印刷

定　价：65.80 元

读者服务热线：（010）81055656　印装质量热线：（010）81055316
反盗版热线：（010）81055315
广告经营许可证：京东工商广登字20170147号

前　言

Excel 2019 和 PowerPoint 2019 是微软公司于 2018 年推出的 Office 2019 办公软件家族中非常重要的成员，也是行政办公人员最常使用的两款办公软件。Excel 强大的表格、图表制作能力以及数据分析能力使其风靡全球，并被广泛应用于行政管理、财务会计、金融统计等领域。作为演示文稿制作和演示软件，PowerPoint 2019 具有强大的功能，也是办公中不可缺少的应用软件。对行政办公人员来说，熟练使用乃至精通 Excel 和 PowerPoint 是一个基本要求。

本书以由浅入深、循序渐进的方式展开讲解，从基础操作到应用实例，以合理的结构和经典的范例对 Excel 2019 和 PowerPoint 2019 最基本、最实用的功能进行了详细介绍。通过学习书中的内容，读者可以掌握 Excel 2019 和 PowerPoint 2019 的基本知识和应用技巧，有效提高日常办公效率。

本书主要有以下几个特点。

1. 循序渐进，由浅入深

本书主要结合财务方面的应用实例介绍了 Excel 2019 和 PowerPoint 2019 的基本操作、公式与函数、图表与数据分析、加工处理文本、应用多媒体对象、统一演示文稿风格、修饰演示文稿和展示幻灯片等知识，后面的实例对前面介绍的知识进行了巩固、拓展，前后实例之间形成了逐步递进的关系。

2. 案例丰富，简单易懂

本书从帮助用户快速了解和掌握 Excel 2019 和 PowerPoint 2019 办公应用技巧的角度出发，结合实例给出详尽的操作步骤与技巧，力求将最常见的方法与技巧全面细致地介绍给读者，使读者能轻松掌握。

3. 基于最新版本，内容与时俱进

本书以最新发布的 Excel 2019 和 PowerPoint 2019 为基础，配合丰富的实例展开介绍，读者可以学会使用新版本中的新功能。

4. 提供丰富的配套资源，物超所值

为了使读者在最短的时间内掌握相关技巧，本书还提供了丰富的配套资源，读者扫描每章后面的二维码即可观看相应的操作演示，通过 box.ptpress.com.cn/y/52275（密码：6a21）即可下载所有素材的源文件。

配套资源包括两个部分：一部分是教学视频，这些视频是针对书中实例专门制作的 88 个配套教学视频，读者可以先看视频，然后对照书中内容加以实践，从而大大提高学习效率；另一部分是本书全部实例的源文件和素材，读者可以根据自身需求下载使用。

本书由陆军工程大学石家庄校区军政基础系的杨婧老师和河北交通职业技术学院的胡仁喜老师编著。其中，杨婧执笔编写了第 1~10 章，胡仁喜执笔编写了第 11~13 章。杨雪静、刘昌丽等人也参与了本书的编写工作，在此对他们表示衷心感谢！

本书凝结了作者多年的实践经验，但限于水平，书中难免存在不足、疏漏甚至错误之处，恳请广大读者批评指正，更欢迎交流探讨。

目 录

第 1 篇
Excel 办公应用篇

第 2 篇
PowerPoint 办公应用篇

第 1 篇

Excel 办公应用篇

本篇主要介绍 Excel 2019 的一些基础知识以及行政人员在日常办公中的一些应用实例，具体包括 Excel 2019 的基本操作、数据输入与格式化、数据管理与计算、使用图表展示数据、数据处理与分析、数据保护与共享、工作表设置与打印等知识。

第 1 章 Excel 2019 的基本操作

Excel 是微软办公套件中的一个重要组成部分，它可以对各种数据进行处理、统计分析以发挥辅助决策的作用，因此被广泛应用于管理、统计、财务、金融等领域。

Excel 强大的数据处理能力已使其成为办公自动化不可或缺的一部分。熟练掌握 Excel 的一些基本操作能为高效办公提供极大的帮助。

1.1 认识工作簿

Excel 文件又称为工作簿，是用来存储和计算数据的文件。每一个工作簿都可以包含多张工作表，管理多种类型的数据。掌握工作簿的基本操作是进行各种数据处理的基础。

1.1.1 创建工作簿

在 Excel 2019 中，既可以创建一个空白的工作簿，也可以使用 Excel 预置的模板创建一个包含基本布局和格式的工作簿。

在 Excel 2019 中，创建一个新工作簿最简便的方法是在"新建"任务窗格中选择一个适当的选项。

（1）在功能区单击"文件"选项卡，然后单击左侧的"新建"选项，弹出如图 1-1 所示的"新建"任务窗格。

（2）在"新建"任务窗格中单击"空白工作簿"图标，即可创建一个空白工作簿；单击任意一个模板图标，在弹出的对话框中单击"创建"按钮，即可下载模板，并创建一个基于该模板的工作簿。

新建的空白工作簿如图 1-2 所示，标题栏上的"工作簿 1"为新建工作簿的名称，A1 单元格为活动单元格，"Sheet1"为活动工作表名称。

单击快速访问工具栏中的"新建"按钮□，也可创建一个空白工作簿。

 在默认情况下，快速访问工具栏中没有"新建"按钮□。单击快速访问工具栏右侧的下拉按钮﹀，在弹出的下拉菜单中选择"新建"选项，即可将该按钮添加到快速工具栏中。

Excel 2019 提供的联机模板已经设置好布局和格式，使用模板创建工作簿便可直接套用这些布局和格式。利用"新建"任务窗格顶部的搜索框可以搜索到更多联机模板。

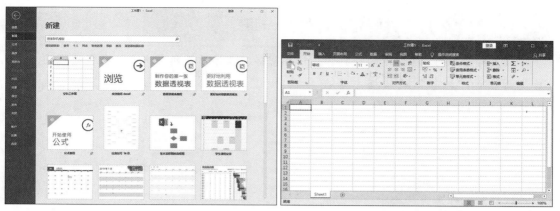

图 1-1　"新建"任务窗格　　　　　　　　　　　图 1-2　新建的空白工作簿

1.1.2　打开和关闭工作簿

（1）单击"文件"选项卡，然后单击左侧的"打开"选项，或者按快捷键【Ctrl+O】，弹出如图 1-3 所示的"打开"任务窗格。

图 1-3　"打开"任务窗格

（2）在位置列表中选择文件所在的位置，然后在弹出的"打开"对话框中单击想要打开的 Excel 文件，单击"打开"按钮，即可打开工作簿。

教你一招：　一次打开多个工作簿

　　如果想要一次打开多个工作簿，那么可以按住【Ctrl】键后在"打开"对话框中逐个单击想要打开的多个工作簿。如果这些工作簿是相邻的，那么可以按住【Shift】键后先单击第一个工作簿，然后单击最后一个工作簿。

教你一招： 打开并修复损坏的工作簿

（1）打开如图 1-3 所示的"打开"任务窗格，选择位置列表中文件所在的位置，然后在弹出的"打开"对话框中单击"打开"按钮右侧的下拉按钮，在弹出的下拉菜单中选择"打开并修复"选项，如图 1-4 所示。

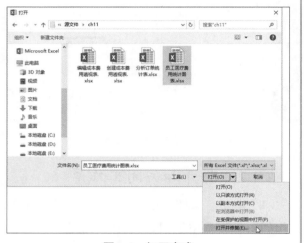

（2）执行"打开并修复"命令可以对损坏的工作簿进行检测，并尝试修复检测到的故障。

（3）此时将弹出一个提示对话框。如果想要修复工作簿，那么单击"修复"按钮；如果使用该方法不能修复工作簿，那么单击"提取数据"按钮，提取工作簿中的公式和值。

图 1-4　打开方式

及时关闭不再使用的工作簿，既可节约内存，也可以防止误操作或丢失数据。关闭工作簿常用的方法有以下两种：

❏ 单击"文件"选项卡，然后单击左侧的"关闭"选项；

❏ 按快捷键【Ctrl+F4】。

1.1.3　保存工作簿

时常保存工作簿是一个很好的习惯，这样做可以防止意外丢失数据。在 Excel 中保存工作簿常用的三种方法如下：

❏ 单击快速访问工具栏中的"保存"按钮；

❏ 按快捷键【Ctrl+S】；

❏ 单击"文件"选项卡，然后单击左侧的"保存"选项。

如果工作簿已经保存过，那么执行以上操作时，Excel 将用新内容覆盖原有的内容；如果工作簿还未保存，则会弹出如图 1-5 所示的"另存为"任务窗格，你需要指定工作簿的保存路径和名称。

在保存重要的工作簿时，可以保存一个备份文件，或设置打开权限密码和修改权限密码。

（1）单击"文件"选项卡，然后单击左侧的"另存为"选项，弹出"另存为"任务窗格，选择保存位置，弹出"另存为"对话框。

（2）单击"工具"按钮右侧的下拉按钮，在弹出的下拉菜单中选择"常规选项"选项，如图 1-6 所示。

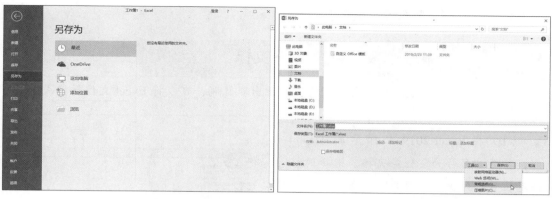

图 1-5　"另存为"任务窗格　　　　　　图 1-6　选择"常规选项"选项

（3）弹出如图 1-7 所示的"常规选项"对话框，设置打开
权限密码或修改权限密码。如果想要生成当前工作簿的一个备
份文件，那么选中"生成备份文件"复选框。

（4）单击"确定"按钮，关闭对话框。

此外，Excel 2019 默认启动"自动保存"功能，用户可以
指定自动保存的时间间隔和保存路径。操作步骤如下。

（1）单击"文件"选项卡，然后单击左侧的"选项"选项，
在弹出的"Excel 选项"对话框左侧列表中单击"保存"选项。

图 1-7　"常规选项"对话框

（2）在"将文件保存为此格式"右侧的下拉列表中选择 Excel 文件自动保存的格式。

（3）在"保存自动恢复信息时间间隔"右侧的文本框中，设置自动保存的时间间隔。

（4）在"自动恢复文件位置"文本框中指定自动恢复文件的保存位置，如图 1-8 所示。

图 1-8　"Excel 选项"对话框

　　Excel 默认将恢复文件保存在系统盘，建议新建一个存储此类文档的专
用文件夹，以便查找文件。

（5）单击"确定"按钮，关闭对话框。

教你一招： 将工作簿保存为 PDF 文档

在分发或打印 Excel 工作表时，为了防止出现乱码，可以将 Excel 文件转换成 PDF 文档。

（1）在 Excel 2019 中打开工作簿，打开"另存为"任务窗格，选择保存位置，弹出"另存为"对话框。

（2）单击"保存类型"下拉列表框右侧的下拉按钮，在弹出的下拉列表中选择"PDF"选项，如图 1-9 所示。

（3）设置文件的保存路径，然后单击"保存"按钮。

图 1-9　选择保存类型

1.2　编辑工作表

Excel 工作表又称电子表格，它是 Excel 存储和处理数据的主要载体。本节将详细介绍 Excel 2019 工作表的基本操作。

1.2.1　插入和删除工作表

在默认情况下，新建的空白工作簿中只包含一个工作表。用户可以根据需要，在一个工作簿中插入多个工作表。

1．插入工作表

插入工作表常用的方法有以下两种。

（1）在工作区域底部，单击工作表标签右侧的"新工作表"按钮 ⊕（见图 1-10），即可在当前活动工作表右侧插入一个新的工作表，Excel 会根据当前工作簿中工作表的数量自动给新工作表命名。

图 1-10　单击"新工作表"按钮插入工作表

（2）右击工作表标签，在弹出的快捷菜单选择"插入"选项，弹出"插入"对话框，然后在"常用"选项卡中单击"工作表"图标（见图 1-11），单击"确定"按钮，即可插入一个新的工作表。

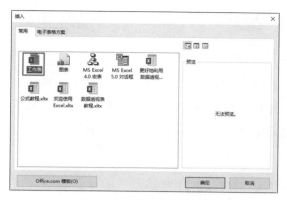

图 1-11　"插入"对话框

教你一招： 修改工作簿默认包含的工作表的数量

在实际工作中，一个工作簿往往会包含多个工作表。如果希望每次新建的工作簿都自动包含多个工作表，可以执行以下操作。

（1）打开"Excel 选项"对话框，切换到"常规"选项卡。

（2）在"包含的工作表数"文本框中输入新建的工作簿默认包含的工作表的数量，如图 1-12 所示。

（3）单击"确定"按钮，关闭对话框。

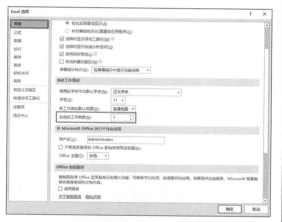

图 1-12　设置新建工作簿默认包含的工作表的数量

2．删除工作表

右击想要删除的工作表标签，在弹出的快捷菜单中选择"删除"选项。删除的工作表不能通过"撤销"命令恢复。

若要删除多个工作表，则可以按住【Ctrl】键或【Shift】键，单击想要删除的工作表的标签，然后右击，在弹出的快捷菜单中选择"删除"选项。

1.2.2　重命名工作表

在实际应用中，给每个工作表指定一个具有一定意义的名称是很必要的。重命名工作表有以下几种常用方法。

❑ 双击想要重命名的工作表标签，键入新的名称后按【Enter】键。

❑ 右击想要重命名的工作表的标签，在弹出的快捷菜单中选择"重命名"选项，键入新名称后按【Enter】键。

1.2.3　设置工作表标签颜色

在默认情况下，工作簿中所有工作表的标签的颜色是一样的。给不同工作表的标签设置不同的颜色，能帮助用户快速识别工作表。

（1）右击想要添加颜色的工作表标签，在弹出的快捷菜单中选择"工作表标签颜色"选项，弹出色板，如图 1-13 所示。

图 1-13　选择"工作表标签颜色"选项

（2）在色板中单击想要使用的颜色。改变工作表标签颜色后的效果如图 1-14 所示。

图 1-14　改变工作表标签颜色后的效果

教你一招：　快速切换工作表

当工作簿中包含的工作表较多时，可以使用下面的方法快速定位到想要使用的工作表。

（1）将鼠标指针移到工作表标签栏左侧的滚动按钮上，可以看到快捷键提示，如图 1-15 所示。

（2）右击，弹出如图 1-16 所示的"激活"对话框。选中想要激活的工作表之后，单击"确定"按钮，即可自动切换到指定的工作表。

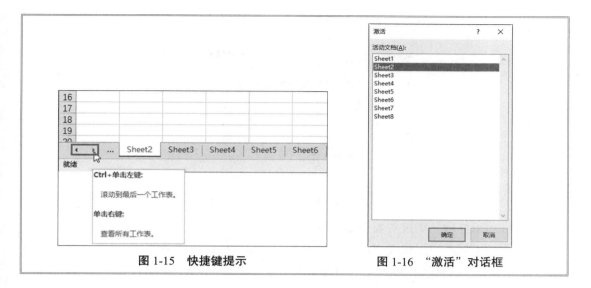

图 1-15　快捷键提示　　　　图 1-16　"激活"对话框

1.2.4　复制和移动工作表

在同一个或不同的工作簿中制作相同或相似的工作表时，复制工作表可以起到事半功倍的作用。移动工作表可以重新排序工作簿中的工作表，以便查阅。

复制和移动工作表常用的操作方法有以下两种。

1．使用鼠标拖动

（1）在想要移动的工作表的标签（如"预算表"）上按下鼠标左键，鼠标指针所在位置出现一个"白板"图标▯，且工作表标签左上角出现一个黑色倒三角标志（见图 1-17）。

图 1-17　按住鼠标左键选取工作表标签

（2）按住鼠标左键拖动，当黑色倒三角标志位于目标位置时，如图 1-18 所示的"财务报表"之前，释放鼠标左键，即可移动工作表。移动后的效果如图 1-19 所示。

图 1-18　移动工作表标签　　　图 1-19　移动后的效果

如果在拖动时按住【Ctrl】键，即可在指定位置生成一个工作表副本，也就是等于复制了一个选定的工作表。

2．使用快捷菜单

（1）右击想要移动或复制的工作表的标签，在弹出的快捷菜单中选择"移动或复制"选项，弹出如图 1-20 所示的"移动或复制工作表"对话框。

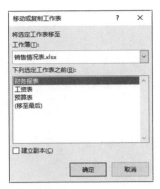

图 1-20 "移动或复制工作表"对话框

（2）在"工作簿"下拉列表中选择目标工作簿。

（3）在"下列选定工作表之前"下拉列表中选择目标位置，单击"确定"按钮，即可将选中的工作表移动到指定的工作簿中的指定位置。

如果在"移动或复制工作表"对话框中选中"建立副本"复选框，即可复制选中的工作表，并将其放在指定的工作簿中的指定位置。如果目标工作簿中有同名的工作表，那么Excel 将自动在工作表副本的名称后加上编号。

1.2.5　隐藏工作表

隐藏工作表可以避免对重要数据和机密数据的误操作。

右击想要隐藏的工作表的标签，在弹出的快捷菜单中选择"隐藏"选项，如图 1-21 所示。隐藏工作表后的效果如图 1-22 所示。

图 1-21　选择"隐藏"选项

图 1-22 隐藏"工资表"后的效果

虽然隐藏工作表不显示，但它仍然处于打开状态，其他文档可以引用其中的信息。

想要取消隐藏时，可以右击工作表标签，在弹出的快捷菜单中选择"取消隐藏"选项，弹出如图 1-23 所示的"取消隐藏"对话框。在列表中单击要显示的工作表，然后单击"确定"按钮，关闭对话框。

图 1-23　"取消隐藏"对话框

 工作簿处于保护状态时，其中的工作表不可以隐藏。

1.3　操作单元格

工作表行和列相交形成的方格称为单元格，它是 Excel 存储信息的最小单位。单元格的名称由它在工作表中所处的行和列决定，例如，A 列第 8 行的单元格为 A8。本节介绍单元格的一些常用操作，如选取、移动、复制、插入行（列），以及清除或删除单元格区域等。

1.3.1　选取单元格

在编辑单元格内容之前，必须使单元格处于活动状态，单元格处于活动状态的特征是单元格四周显示粗线边框，如图 1-24 中的 C3 单元格。

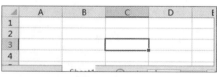

图 1-24　活动单元格

常用的选取单元格或单元格区域的操作如下。

☐ 选取单个单元格：单击单元格，或用方向键移动到相应的单元格。

☐ 选取当前工作表中的所有单元格：单击工作表左上角的"全选"按钮 ◢。

☐ 选取连续的单元格区域：单击该区域的第一个单元格，然后按下鼠标左键并拖动到最后一个单元格，释放鼠标左键；或者单击该区域的第一个单元格，然后按住【Shift】键并单击区域中的最后一个单元格。

☐ 选取不连续的单元格区域：先选取一个单元格或区域，然后按住【Ctrl】键并选取其他的单元格或区域。

☐ 选取整行或整列：单击行号或列号。

☐ 扩大或缩小单元格区域：按住【Shift】键单击新选定区域中的最后一个单元格。

☐ 取消选定区域：单击选定区域之外的任意一个单元格。

1.3.2　移动或复制单元格

在同一个工作表中移动或复制单元格，最简单的方法是用鼠标拖动。

（1）选取要移动或复制的单元格。

（2）将鼠标指针移到选定区域的边框上，当鼠标指针变为时，按住左键并拖动到目标位置，如图 1-25 所示。

（3）释放鼠标左键，选中的区域将移到指定位置，如图 1-26 所示。

如果在拖动鼠标的同时按住【Ctrl】键，就可以在目标位置复制选定区域，如图 1-27 所示。

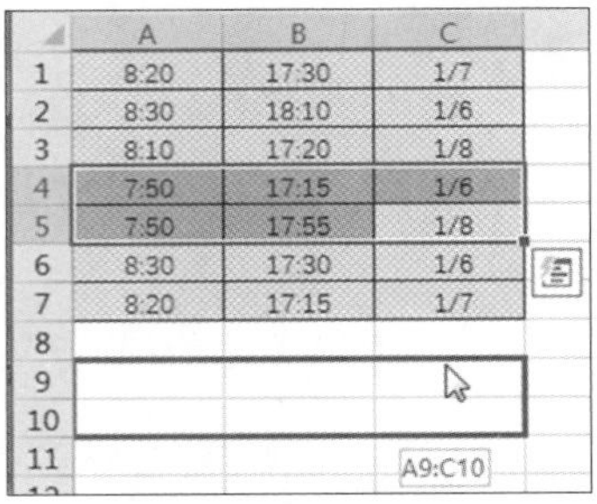

图 1-25　将选定区域移动到目标位置

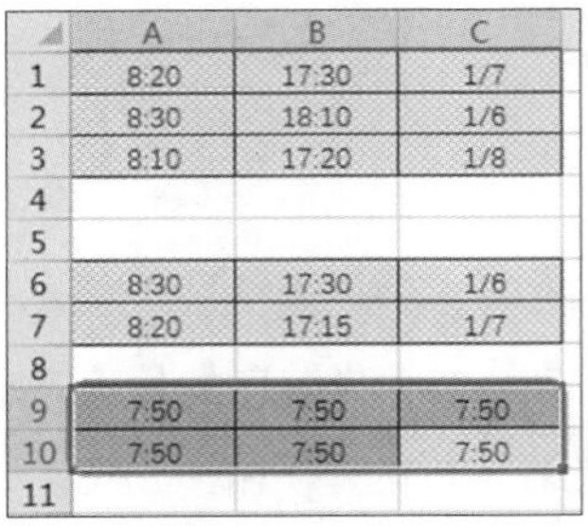

图 1-26　移动单元格区域的效果 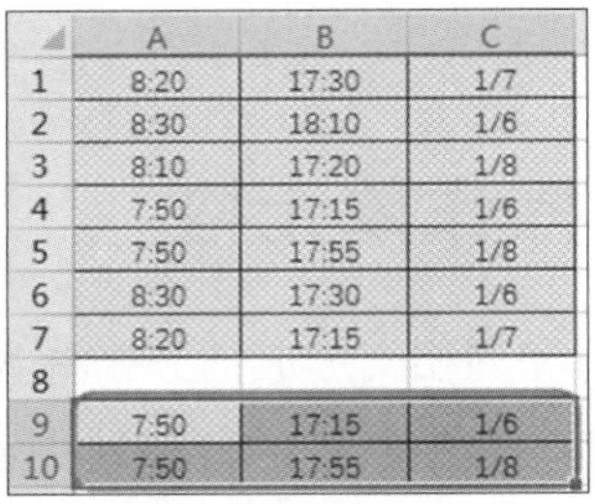　　　　图 1-27　复制单元格区域的效果

如果想要将选定区域移动或复制到其他工作表，那么可以在选定区域后单击"开始"选项卡中的"剪切"按钮✕或"复制"按钮，然后打开目标工作表，选中要粘贴的位置后单击"开始"选项卡中的"粘贴"按钮。

在粘贴单元格区域时，可以单击目标区域中的第一个单元格，也可以按下鼠标左键拖动，选取与剪切区域完全相同的区域，否则会弹出提示"剪切区域与粘贴的形状不同"的提示框。

教你一招：将单元格区域转换为图片

如果不希望他人修改工作表中的数据，那么可以把包含重要内容的单元格区域转换为图片。

（1）选取单元格区域，单击"开始"选项卡中的"剪贴板"组中的"复制"按钮右侧的下拉按钮，在弹出的下拉菜单中选择"复制为图片"选项，如图 1-28 所示。

（2）弹出如图 1-29 所示的"复制图片"对话框，设置外观和格式。

若要将选定单元格区域中的所有可见内容都复制为图片，则应选中"如屏幕所示"单选按钮；若希望复制的效果与打印预览时看到的一样，则应选中"如打印效果"单选按钮。

设置图片格式时，选中"图片"单选按钮获得的图片质量要高于选中"位图"单选按钮获得的图片质量。

图 1-28 选择"复制为图片"命令

图 1-29 "复制图片"对话框

（3）单击"确定"按钮，关闭对话框。

（4）切换到目标工作表，按【Ctrl+V】组合键粘贴之前复制的内容。

1.3.3 插入单元格、行或列

（1）在需要插入单元格的位置选取单元格区域。

请注意！ 选取的单元格数目应与想要插入的空单元格数目相同。

（2）单击"开始"选项卡中的"单元格"组中的"插入"按钮右方的下拉按钮，在弹出的下拉菜单中选择"插入单元格"选项，弹出图 1-30 所示的"插入"对话框。

图 1-30 "插入"对话框

（3）设置单元格插入的方式。

❑ "活动单元格右移"或"活动单元格下移"是指将新单元格插入到选定单元格左侧或上方。

❑ "整行"是指在活动单元格下方插入一个空行。

❑ "整列"是指在活动单元格左侧插入一个空列。

（4）单击"确定"按钮，关闭对话框。

若要插入行或列，则可以直接单击"开始"选项卡中的"单元格"组中的"插入"按钮右方的下拉按钮，在弹出的下拉菜单中选择相应的选项，如图 1-31 所示。

图 1-31 "插入"下拉菜单

1.3.4 清除或删除单元格区域

在进行这项操作之前，读者有必要先了解清除和删除的区别。清除单元格是指删除单元格中的内容、格式或批注，但保留单元格本身；而删除单元格则是指从工作表中移除单元格，并用周围的单元格填补删除后的空缺。

1. 清除单元格区域

（1）选中要清除的单元格区域。

（2）单击"开始"选项卡中的"编辑"组中的"清除"按钮右方的下拉按钮，弹出如图 1-32 所示的下拉菜单。

（3）根据需要在"清除"下拉菜单中选择相应的选项。

如果想要清除单元格中的内容，那么可以在选中单元格区域之后，直接按【Delete】键。

图 1-32 "清除"下拉菜单

2. 删除单元格区域

（1）选中要删除的单元格区域。

（2）单击"开始"选项卡中"单元格"组中的"删除"按钮右方的下拉按钮，弹出如图 1-33 所示的下拉菜单。

（3）根据需要在"删除"下拉菜单中选择相应的选项。

☐ "删除单元格"是指删除活动单元格。

☐ "删除工作表行"是指删除活动单元格所在行。

☐ "删除工作表列"是指删除活动单元格所在列。

图 1-33 "删除"下拉菜单

1.4 配置工作区

Excel 允许用户根据自己的喜好和使用习惯自定义工具栏和快捷键，配置合适的工作区。

1.4.1 自定义快速访问工具栏

快速访问工具栏位于标题栏左侧，如图 1-34 所示。

图 1-34 快速访问工具栏

单击快速访问工具栏右侧的"自定义快速访问工具栏"按钮 ，弹出如图 1-35 所示的下拉菜单。单击其中的选项，即可将对应的功能按钮添加到快速访问工具栏。

若想要添加的功能不在下拉菜单中，则可单击"其他命令"选项，弹出如图 1-36 所示的"Excel 选项"对话框。在左侧的命令列表中选择要添加的命令，单击"添加"按钮，然后单击"确定"按钮，关闭对话框，即可将选中的命令添加到快速访问工具栏。

图 1-35　"自定义快速访问工具栏"下拉菜单　　　　**图 1-36　自定义快速访问工具栏**

1.4.2　显示和隐藏功能区选项卡

Excel 2019 采用选项卡式菜单，将常用的命令图标集中在一起，按功能进行分组，如图 1-37 所示。

图 1-37　功能区

单击标题栏右侧的"功能区显示选项"按钮 ，弹出如图 1-38 所示的下拉菜单。在这里，用户可以根据需要显示或隐藏功能区选项卡。

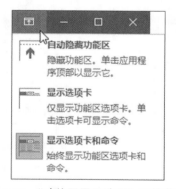

图 1-38　"功能区显示选项"下拉菜单

- ❑ "自动隐藏功能区"表示只显示编辑栏和工作区，并全屏显示。再次打开如图 1-38 所示的下拉菜单，选择"显示选项卡和命令"选项，即可恢复窗口。
- ❑ "显示选项卡"表示仅显示功能区选项卡，隐藏命令。

■ "显示选项卡和命令"表示始终显示功能区选项卡和命令。

1.4.3 自定义功能区

用户不仅可以显示或隐藏功能区，还可以根据需要添加、删除、新建选项卡，或在选项卡中新建组及重命名选项卡。

（1）打开"Excel 选项"对话框，单击左侧列表中的"自定义功能区"选项，即可查看功能区的所有选项卡和命令，如图 1-39 所示。

（2）在右侧的"主选项卡"列表中取消选中选项卡左侧的复选框，如图 1-40 所示，即可在功能区隐藏该选项卡。

（3）工具选项卡默认全部显示。在"自定义功能区"下拉列表中选择"工具选项卡"选项，在下方的"工具选项卡"列表中，即可显示或隐藏指定的工具选项卡，如图 1-41 所示。

图 1-39　单击"自定义功能区"选项

图 1-40　隐藏指定的选项卡

图 1-41　显示或隐藏工具选项卡

第2章　数据输入与格式化

数据输入是制作工作表的重要环节。Excel 支持多种数据类型和输入方法。不同类型的数据有不同的特点和显示方式，采用合适的输入方法才能获得事半功倍的效果。

一张优秀的工作表不仅要数据处理得合理准确，而且要美观大方，便于查看和理解。Excel 2019 提供了强大的格式化功能，利用这些功能不仅可以对单元格进行修饰，而且可以插入各种图形、对象和艺术字等。

2.1　输入数据——创建人事信息表

在 Excel 中，不同类型的数据有不同的输入方法。这些方法不仅有助于减少数据输入的工作量，还能保证输入数据的准确性。本节以创建人事信息表为例，讲解输入文本、数字、日期和时间等常用数据的方法。

2.1.1　输入文本

文本包含汉字、英文字母、数字、空格以及其他合法的、键盘能键入的符号。

（1）新建一个空白的 Excel 工作簿，将其中一个空白的工作表命名为"人事信息表"。

（2）单击单元格 A2，输入"工号"，然后按一下键盘上的右方向键，将单元格 B2 变为活动单元格，确认单元格 A2 的内容，如图 2-1 所示。

在默认情况下，文本在单元格中是左对齐的。想要修改单元格中的内容时，可以单击单元格，在单元格或编辑栏中选中要修改的字符后，按【Backspace】键或【Delete】键删除，然后重新输入。

图 2-1　在单元格中输入文本

　输入完成后，按【Enter】键移动到下方的单元格；按方向键，可向指定方向移动；单击其他单元格，则移动到单击的单元格。也可以直接在编辑栏中输入文本，单击编辑栏上的"输入"按钮✔完成输入，单击"取消"按钮✘取消输入。需要在同一个单元格中输入多个单独的行时，可使用【Alt+Enter】组合键换行。

（3）重复第二步骤，输入第 1 行的其他文本，然后将光标移动到其他单元格，输入其他的文本内容，如图 2-2 所示。

	A	B	C	D	E	F	G	H	I	J
1										
2	工号	姓名	性别	学历	出生日期	入职时间	身份证号	所属部门	第一学历毕	备注
3		李想	男	本科				销售部	ABC大学	
4		孙琳琳	女	本科				销售部	SD大学	
5		高尚	男	研究生				研发部	XBGY大学	
6		韩子瑜	女	研究生				研发部	SX大学	
7		苏梅	女	本科				人事部	HS学院	
8		李瑞彬	男	本科				研发部	XN大学	
9		张钰林	男	研究生				企划部	ZS大学	
10		王梓	男	本科				企划部	YJ大学	
11		谢婷婷	女	本科				财务部	SF学院	
12		黄歆歆	女	博士				研发部	ABC大学	
13		秦娜	女	本科				人事部	CJ大学	

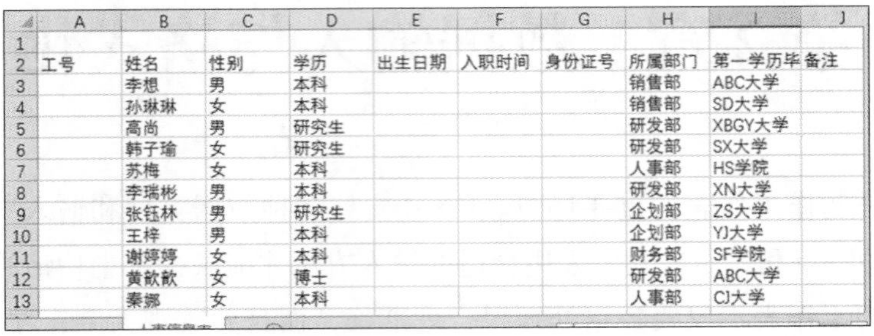

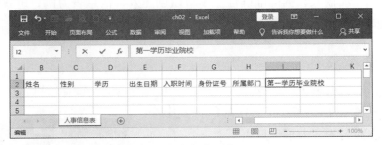

图 2-2　输入文本

Excel 具有“记忆式键入”的功能，键入头几个字符后，Excel 能根据已输入的内容自动完成输入。例如，先在单元格 B3 中输入了“李想”，之后在单元格 B8 中输入“李”时，Excel 会自动填充“想”。这个功能在输入有相似内容的文本时很有用。

在单元格 I2 中输入“第一学历毕业院校”时，由于文本超出列宽，文本自动进入右边的列（J2），如图 2-3 所示。

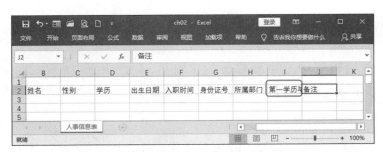

图 2-3　文本超出列宽显示

在单元格 J2 中输入内容后，单元格 I2 按列宽显示内容，超出列宽的内容不显示，如图 2-4 所示。

图 2-4　超出列宽的内容不显示

这并不意味那些文本被删除了，只要调整列宽，即可看到全部的内容。单击要显示全部内容的单元格，在编辑栏上也可以查看全部的内容。

（4）将鼠标指针移动到 I 列和 J 列的中间，当鼠标指针变为双向箭头时，按下鼠标左键并拖动到适当的宽度后，释放鼠标左键，即可调整列宽，效果如图 2-5 所示。

	A	B	C	D	E	F	G	H	I	J
1										
2	工号	姓名	性别	学历	出生日期	入职时间	身份证号	所属部门	第一学历毕业院校	备注
3		李想	男	本科				销售部	ABC大学	
4		孙琳琳	女	本科				销售部	SD大学	
5		高尚	男	研究生				研发部	XBGY大学	
6		韩子瑜	女	研究生				研发部	SX大学	
7		苏梅	女	本科				人事部	HS学院	
8		李瑞彬	男	本科				研发部	XN大学	
9		张钰林	男	研究生				企划部	ZS大学	
10		王梓	男	本科				企划部	YJ大学	
11		谢婷婷	女	本科				财务部	SF学院	
12		黄歆歆	女	博士				研发部	ABC大学	
13		秦娜	女	本科				人事部	CJ大学	

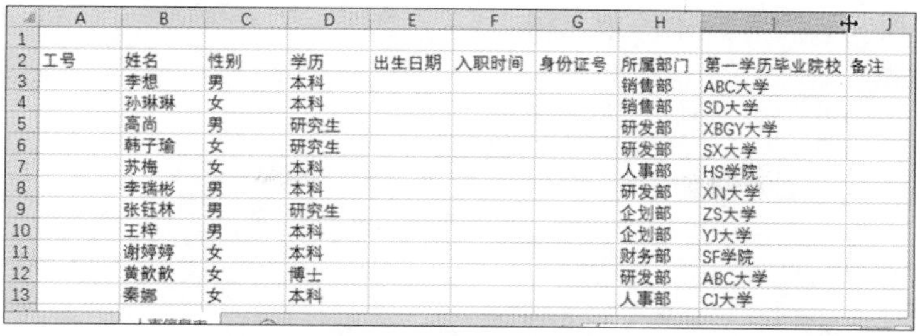

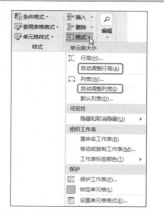

图 2-5　调整列宽效果

提示　双击列标题的右边界，可使列宽自动适匹配单元格中内容的宽度。

教你一招：快速调整行高或列宽

选中要想改变高度（或宽度）的所有行（或列），用鼠标拖动其中任何一行或一列的边界，即可调整所有选中行（或列）的高度（或宽度）。

如果希望 Excel 根据输入的内容自动调整行高和列宽，那么可以单击“开始”选项卡中的“单元格”组中的“格式”按钮右方的下拉按钮，在弹出的下拉菜单中选择“自动调整行高”选项或“自动调整列宽”选项，如图 2-6 所示。

图 2-6　自动调整行高（或列宽）

在默认情况下，输入数据的格式均为“常规”。接下来对单元格中文本的格式进行简单的设置。

（5）选中单元格 A2，单击“开始”选项卡中的“数字”组中的“数字格式”列表框右侧的下拉按钮，在弹出的“数字格式”下拉列表中选择“文本”选项，如图 2-7 所示。

（6）将鼠标指标移动到 B 列的列名位置，当鼠标指标变为向下的箭头⬇时，单击选中 B 列的所有单元格，然后按住【Ctrl】键单击 C 列、D 列、H 列和 I 列，以及单元格 E2、F2、G2 和 J2，将其选中。按照同样的方法，将选中的单元格的格式修改为“文本”。

Excel 2019 提供了非常实用的功能，利用“开始”选项卡中的“字体”组中的按钮即可非常方便地格式化文本，如图 2-8 所示。

接下来制作工作表的标题栏，并将标题文本格式化。

（7）在单元格 A1 中按下鼠标左键并拖动到单元格 J1，释放鼠标左键，即可选中单元格区域 A1:J1。然后，单击“开始”菜单选项卡中的“对齐方式”组中的“合并后居中”

按钮，如图 2-9 所示，合并选中的单元格。

图 2-7　选择"文本"选项

图 2-8　"字体"组中的按钮

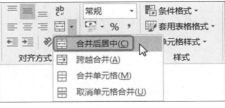
图 2-9　选择"合并后居中"选项

（8）在合并后的单元格中输入标题"人事信息表"，然后将鼠标指针移到第 1 行和第 2 行的行号中间，当鼠标指针变为竖向的双向箭头 ✛ 时，按下鼠标左键并向下拖动，即可调整行高。拖动时，鼠标指针上方会显示高度，如图 2-10 所示。

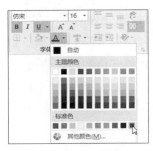

图 2-10　输入标题并调整行高

（9）选中标题文本，单击"开始"选项卡中的"字体"组中的"加粗"按钮 **B**，在"字体"下拉列表中选择"仿宋"选项，单击"字体颜色"按钮 **A** 右侧的下拉按钮，在弹出的色板中单击"紫色"选项，如图 2-11 所示。设置好格式的文本如图 2-12 所示。

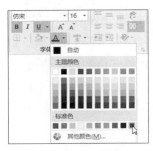
图 2-11　设置字体颜色

图 2-12　格式化后的文本的效果

若要对文本格式进行更多的设置，如设置下划线的样式、添加删除线、设为上标或下标等，则可使用"设置单元格格式"对话框中的"字体"选项卡。

（10）选中想要格式化的标题文本，单击"字体"组右下角的扩展按钮，弹出"设置单元格格式"对话框。在"下划线"下拉列表中选择"双下划线"选项，如图 2-13 所示。

图 2-13　设置下划线样式

格式化后的工作表的效果如图 2-14 所示。

	A	B	C	D	E	F	G	H	I	J
1						人 事 信 息 表				
2	工号	姓名	性别	学历	出生日期	入职时间	身份证号	所属部门	第一学历毕业院校	备注
3		李想	男	本科				销售部	ABC大学	
4		孙琳琳	女	本科				销售部	SD大学	
5		高尚	男	研究生				研发部	XBGY大学	
6		韩子瑜	女	研究生				研发部	SX大学	
7		苏梅	女	本科				人事部	HS学院	
8		李瑞彬	男	本科				研发部	XN大学	
9		张钰林	男	研究生				企划部	ZS大学	
10		王梓	男	本科				企划部	YJ大学	
11		谢婷婷	女	本科				财务部	SF学院	
12		黄敏敏	女	博士				研发部	ABC大学	

图 2-14　格式化后的工作表的效果

2.1.2　输入数字

在单元格中输入数字以及含有正号、负号、货币符号、百分号、小数点、指数符号和小括号等的数据时，Excel 默认将其视为数字类型。

在单元格中输入普通数字的方法与输入文本的方法相同。在输入数字之前，读者有必要先了解一下数字常用的输入格式。

利用"开始"选项卡中的"数字"组中的快捷按钮，即可非常方便地对数字进行格式化，如图 2-15 所示。

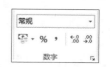

图 2-15　"数字"组

选中想要设置格式的单元格，单击工具栏中的按钮，即可应用相应的格式。各个按钮的作用如下。

❑ 会计数字格式📊：用货币符号和数字共同表示金额。

❑ 百分比样式%：以百分数表示的数字。

行政办公人员EXCEL 与 PPT 关键技能训练

- ❑ 千位分隔样式 ,：以逗号分隔的千分位数字。
- ❑ 增加小数位数 ：增加小数点后的位数。
- ❑ 减少小数位数 ：减少小数点后的位数。

若要对数据格式进行更详细的设置，则可单击"数字"组右下角的扩展按钮 ，打开"设置单元格格式"对话框。"分类"列表框中列出了多种数据格式，选择不同的数据格式时，右侧列表会显示对应于该数据格式的选项，如图 2-16 所示。

图 2-16　"设置单元格格式"对话框

在"设置单元格格式"对话框中，"会计专用"格式与"货币"格式都可以使用货币符号和数字共同表示金额。它们的区别在于，"会计专用"格式中货币符号右对齐，而数字符号左对齐，这样在同一列中货币符号和数字均垂直对齐；但是"货币"格式中货币符号与数字符号是一体的，统一右对齐。

在了解了常用的数字格式之后，接下来在人事信息表中输入数字。

（1）单击单元格 A3，在编辑栏中输入"1001"，然后单击编辑栏上的"输入"按钮，如图 2-17 所示。输入的内容在单元格中自动右对齐。

（2）重复第一步，完成单元格区域 A4:A13 中内容的输入，如图 2-18 所示。

图 2-17　在单元格 A3 输入工号　　　　**图 2-18　在单元格区域 A4:A13 输入工号**

22

教你一招： 输入以 "0" 开头的数字编号

　　如果员工的工号是以 0 开头的数字编号，如 "0001"，那么在单元格中输入该编号时会发现 Excel 自动将其变为 "1"，而不是输入的 "0001"。将单元格格式由默认的 "常规" 修改为 "文本"，即可解决这个问题。

　　选中要输入以 "0" 开头的数字编号的单元格区域，单击 "开始" 菜单选项卡中的 "数字" 组中的 "数字格式" 下拉列表框右侧的下拉按钮，在弹出的下拉列表中选择 "文本" 选项。此时，可以看到输入的编号左对齐，且单元格右侧显示一个黄色的警告标志。将鼠标指针移到警告标志上会显示一条信息，信息提示用户此单元格中的数字为文本格式，或者数字前面有撇号，如图 2-19 所示。

　　单击警告标志，在弹出的下拉菜单中也可以看到提示 "以文本形式存储的数字"，如图 2-20 所示。

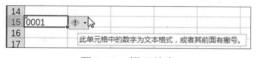

图 2-19　提示信息

图 2-20　单击警告标志后弹出的下拉菜单

　　在输入数字时，经常还会遇到负数和分数，这两种类型的数字输入方法有所不同。

　　输入负数时，可以在数字前加一个负号或者将数字括在括号内。例如，在单元格 B2 中输入 "（25）"，在单元格 C2 中输入 "-25"，都可以在单元格中得到 -25，和单元格 A2 中一样，如图 2-21 所示。

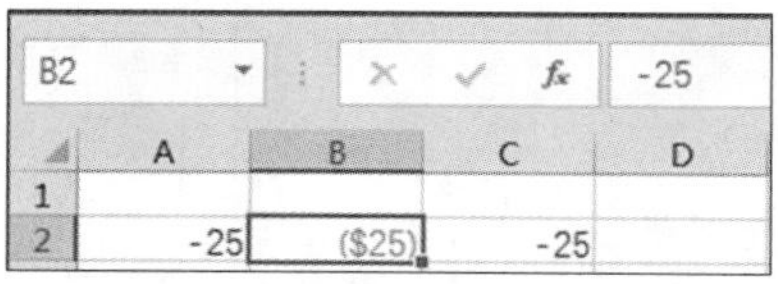

图 2-21　输入负数

　　请注意！ 在默认情况下，货币的负数格式为（$25），且显示为红色，如图 2-21 所示的 B2 单元格。有关数字格式的说明将在 2.4.1 节中进行详细介绍。

　　输入分数时，应先输入 "0" 及一个空格，然后输入分数，如图 2-22 所示。如果不输入 "0"，Excel 会将 "5/8" 视为日期，自动将其修改为 "5 月 8 日"，如图 2-23 所示。

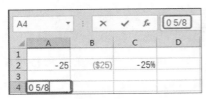

图 2-22　输入分数

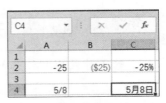

图 2-23　显示为日期

2.1.3　输入身份证号

Excel 中默认的数字格式是"常规"，最多可以显示 11 位有效的数字，超过 11 位就以科学记数的形式显示。如果将数字格式设置为"数字"，且小数点位数为 0，那么最多只能完全显示 15 位数字，15 位以后的数字显示为 0。但是员工的身份证号码有 18 位，应该怎么输入呢？

读者可以参考输入以"0"开头的数字编号的方法进行输入，本节将介绍另一种方法。

（1）选中单元格 G3，在输入英文的单引号"'"之后，输入身份证号码。输入完成后，按【Enter】键结束输入，单元格 G3 将左对齐显示身份证号码，但是并不显示单引号，如图 2-24 所示。

图 2-24　输入身份证号

为了使身份证号码完全显示出来，需要调整列宽。

（2）将鼠标指针移到 G 列右侧，当鼠标指针变为横向双向箭头时双击，自动将列宽调整为合适宽度，如图 2-25 所示。

（3）按照第一步的方法输入其他身份证号码，最后的效果如图 2-26 所示。

图 2-26　完成身份证号码的输入

图 2-25　调整列宽的效果

2.1.4　输入日期和时间

在 Excel 2019 中输入日期的方法有多种，可以用斜杠、破折号、文本的组合来输入，下面以"出生日期"列和"入职时间"列为例，介绍输入日期的方法。

（1）选中单元格区域 E3:F13，单击"开始"选项卡中的"数字"组中的"数字格式"

下拉列表框右方的下拉按钮，在弹出的下拉列表中选择"其他数字格式"选择，弹出"设置单元格格式"对话框。

（2）在"分类"列表框中选择"日期"选项，在"类型"列表框中选择"2012 年 3 月"选项，如图 2-27 所示。单击"确定"按钮，关闭对话框。

（3）在单元格 E3 中输入"1980 年 10 月 11 日"，按【Enter】键，Excel 自动将日期格式转换为指定的日期格式，如图 2-28 所示。单元格 E3 将按指定的日期类型显示日期，编辑栏则以默认方式显示日期。

图 2-27　设置日期类型

图 2-28　在单元格 E3 输入内容

 日期的默认显示方式由 Windows 有关日期的设置决定，可以在"控制面板"中进行更改。

如果单元格的宽度不足以完整显示输入的日期，则显示为"#####"，此时调整列宽即可完整显示日期。

（4）在单元格 E4 中输入"1983/3/4"，按【Enter】键，单元格 E4 将按指定的日期类型显示日期，编辑栏则以默认方式显示日期，如图 2-29 所示。

（5）按照第三步或第四步的方法输入其他人员的出生日期，如图 2-30 所示。

（6）按照第三步或第四步的方法完成"入职时间"列的输入，如图 2-31 所示。

图 2-29　在单元格 E4 输入日期

图 2-30　完成出生日期的输入

图 2-31　完成入职时间的输入

输入时间时，小时、分钟、秒之间用冒号分隔。Excel 默认将输入的时间当作上午时间，例如，输入"8:30:12"时，Excel 会将其视为"8:30:12 AM"。如果想要输入下午时间，则应在时间后面加一个空格，然后输入"PM"或"P"，如图 2-32 所示。

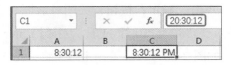

图 2-32　输入下午时间

教你一招： **插入当前日期和时间**

　　按【Ctrl+；】组合键即可在活动单元格中插入当前日期；按【Ctrl+Shift+；】组合键即可插入当前时间。在单元格中同时插入日期和时间时，先插入时间或先插入日期均可，中间用空格分隔。

2.2　快速填充数据——职工绩效考核工资表

员工工资是每家公司每个月都会涉及的数据。在制作工资表时，经常要输入大量重复的、有规律的数据，使用 Excel 2019 的快速输入功能可以大大减少输入的工作量。

2.2.1　填充相同数据

在 Excel 2019 中，使用快捷菜单、键盘快捷键和鼠标拖动，可快速在单元格中填充相同数据。下面以填充一个简易的工资表为例，分别介绍这三种操作方法。

（1）新建一个工作表，按照上一节介绍的操作方法，在工作表中输入基础数据，如图 2-33 所示。

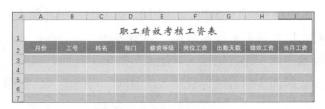

图 2-33　输入基础信息

（2）右击单元格 A3，在弹出的快捷菜单中选择"设置单元格格式"选项。在弹出的"设置单元格格式"对话框的"分类"列表中选择"日期"选项，在"类型"列表中选择"2012 年 3 月"选项，如图 2-34 所示。

（3）单击"确定"按钮，关闭对话框，然后在单元格 A3 中输入"2018/8"，按【Enter】键完成输入，结果如图 2-35 所示。

图 2-34　设置日期格式

图 2-35　在单元格 A3 中输入日期

（4）在单元格 A3 中按住鼠标左键并拖动到 A13 单元格，选中单元格区域 A3:A13。单击"开始"选项卡中的"编辑"组中的"填充"按钮 ，在弹出的下拉菜单中选择"向下"选项，如图 2-36 所示。

之前选中的区域即可填充相同的内容，如图 2-37 所示。

图 2-36　选择"向下"选项

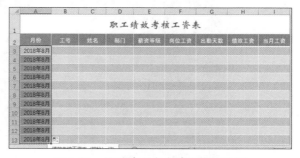

图 2-37　使用填充命令填充相同数据

（5）按住【Ctrl】键并单击要填充相同数据的单元格 D3 和 D10，然后输入"税务"。按【Ctrl+Enter】快捷键，选中的单元格将自动填充相同的数据，如图 2-38 所示。

图 2-38　使用快捷键在多个单元格填充相同数据

（6）按住【Shift】键并单击单元格 D6 和 D8，然后输入"教育"。按【Ctrl+Enter】快捷键，单元格区域 D6:D8 将自动填充相同的数据，如图 2-39 所示。

（7）按照第五步和第六步的方法，填充 D 列和 E 列的数据，结果如图 2-40 所示。

图 2-39　使用快捷键在单元格区域填充相同数据

图 2-40　填充 D 列和 E 列数据

（8）选中单元格 F5，输入"2600"，按【Enter】键确认。将鼠标指针移动到 F5 单元格右下角，当鼠标指标变为黑色十字形"+"时，按住鼠标左键并拖动到单元格 F8，如图 2-41（a）所示。释放鼠标左键，即可在选中区域的所有单元格中填充相同的数据，如图 2-41（b）所示。

（a）

（b）

图 2-41　利用鼠标拖动填充相同数据

（9）使用上面的方法，填充 F 列的其他数据，如图 2-42 所示。

	A	B	C	D	E	F	G	H	I
1	职工绩效考核工资表								
2	月份	工号	姓名	部门	薪资等级	岗位工资	出勤天数	绩效工资	当月工资
3	2018年8月			税务	二级	3000			
4	2018年8月			民政	一级	2500			
5	2018年8月			财政	一级	2600			
6	2018年8月			教育	一级	2600			
7	2018年8月			教育	一级	2600			
8	2018年8月			教育	一级	2600			
9	2018年8月			民政	一级	2500			
10	2018年8月			税务	二级	3000			
11	2018年8月			财政	二级	3000			
12	2018年8月			环保	二级	2800			
13	2018年8月			环保	一级	2600			

图 2-42　填充 F 列数据

教你一招： 在多个工作表中快速填充相同数据

在选中多个工作表之后，只要在任意一个选中的工作表中输入数据（或设置格式），其他选中工作表的相同单元格中就会出现相同的数据（或设置为相同的格式）。

2.2.2 填充序列

在填充工作表时，除了相同的数据，有时还需要填充有规律的数据序列。Excel 预设了一些自动填充的序列，可自动填充星期、月份、季度等序列。例如，在单元格 A3 中输入"星期一"，然后拖动该单元格右下角的填充柄，选中的单元格便会依次自动填充"星期二""星期三"等。用户可以根据需要自定义填充序列。

下面以填充简易工资表的工号和出勤天数为例，介绍填充序列的方法。

（1）选中单元格区域 B3:B13，单击"开始"选项卡中的"数字"组右下角的扩展按钮，弹出"设置单元格格式"对话框。在"分类"列表框中选择"自定义"选项，在"类型"文本框中输入"0000"，如图 2-43 所示。

图 2-43　自定义数据格式

（2）单击"确定"按钮，关闭对话框。在单元格 B3 中输入"1001"，然后单击"开始"选项卡中的"编辑"组中的"填充"按钮，在弹出的下拉菜单中选择"序列"选项，如图 2-44 所示。

（3）在弹出的"序列"对话框中，选中"列"单选按钮，在"步长值"文本框中输入"1"，在"终止值"文本框中输入

图 2-44　选择"序列"选项

“1011”，如图 2-45 所示。

图 2-45 “序列”对话框

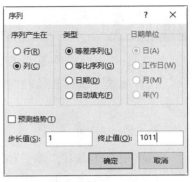

在“序列产生在”选项组中，选中“列”单选按钮时，沿列方向进行自动填充；选中“行”单选按钮时，沿行方向进行自动填充。

“类型”选项组用于设置序列的类型。

- “等差序列”表示相临两项相差一个固定的值，这个值也被称为步长值。
- “等比序列”表示从第 2 项起，每一项与它的前一项的比等于一个常数。
- “日期序列”表示根据单元格的数据填入日期，可以设置成以日、工作日、月或年为单位。
- “自动填充序列”表示根据初始值决定填充项，如果初始值的前面是字符，字符后跟数字，则拖动填充柄时，每个单元格填充的文字不变，数字递增。

“步长值”是序列增加或减少的数量，可以是正数或负数。

“终止值”用于指定序列的最后一个值。

提示 在“序列”对话框中选中“预测趋势”复选框之后，Excel 将按照最小二乘法由初始值生成序列，而步长值则会被忽略。该序列等价于 GROWTH 函数的返回值。

（4）单击“确定”按钮，关闭对话框，单元格区域 B4:B13 将自动填充步长值为 1 的递增序列，如图 2-46 所示。

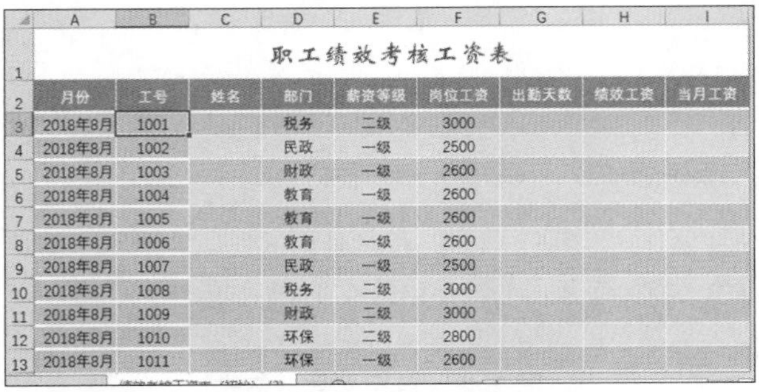

	A	B	C	D	E	F	G	H	I
1	职工绩效考核工资表								
2	月份	工号	姓名	部门	薪资等级	岗位工资	出勤天数	绩效工资	当月工资
3	2018年8月	1001		税务	二级	3000			
4	2018年8月	1002		民政	一级	2500			
5	2018年8月	1003		财政	一级	2600			
6	2018年8月	1004		教育	一级	2600			
7	2018年8月	1005		教育	一级	2600			
8	2018年8月	1006		教育	一级	2600			
9	2018年8月	1007		民政	一级	2500			
10	2018年8月	1008		税务	二级	3000			
11	2018年8月	1009		财政	二级	3000			
12	2018年8月	1010		环保	二级	2800			
13	2018年8月	1011		环保	一级	2600			

图 2-46 填充递增序列

（5）在单元格 G3 中输入“20”，按【Enter】键确认，然后将鼠标指针移动到单元格 G3 右下角，当鼠标指针变为黑色十字形“+”时，按住鼠标左键并拖动到单元格 G8，选中单元格区域将自动填充相同的数据。单击单元格 G8 右下角的“自动填充选项”按钮，在弹出的下拉菜单中选择“填充序列”选项，如图 2-47 所示，即可填充递增序列。

图 2-47 "自动填充选项"下拉菜单

 提示 在按住【Ctrl】键的同时按下鼠标左键拖动,即可自动填充递增序列。

（6）将鼠标指针移动到 G8 单元格右下角,按住鼠标右键拖动,Excel 将继续自动填充递增序列,效果如图 2-48 所示。

图 2-48 填充递增序列效果

2.2.3 自定义序列

如果需要在工作表中输入特定的序列,如公司所有员工的姓名,那么可以将公司所有员工姓名定义为一个定义序列,下次输入员工姓名时就可以自动填充。

（1）单击"数据"选项卡中的"排序和筛选"组中的"排序"按钮 ,弹出"排序"对话框,在"次序"下拉列表中选择"自定义序列"选项,如图 2-49 所示,弹出"自定义序列"对话框。

图 2-49 选择"自定义序列"选项

（2）在"自定义序列"对话框的"自定义序列"列表中选择"新序列"选项，然后在
"输入序列"文本框中输入自定义序列，在每项末尾按【Enter】键换行，如图 2-50 所示。

（3）输入完毕后，单击"添加"按钮，即可在"自定义序列"列表中看到新创建的序
列，如图 2-51 所示。单击"确定"按钮，关闭对话框。

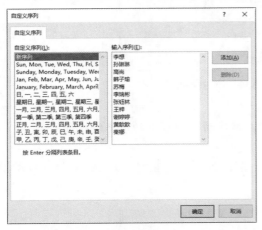
图 2-50　输入自定义序列

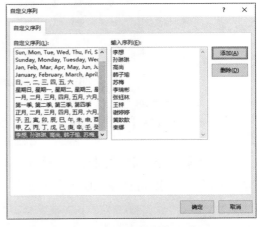
图 2-51　新创建的自定义序列

（4）在"排序"对话框的"主要关键字"下拉列表中选择"姓名"选项，如图 2-52
所示，然后单击"确定"按钮，关闭对话框。

图 2-52　选择"姓名"选项

（5）在单元格 C3 中输入序列的初始值"李想"，然后将鼠标指针移到 C3 单元格右下
角，当指针变为黑色十字形"+"时，按住左键并向下拖动到单元格 C13，然后释放鼠标
左键，即可在选中的单元格区域填充自定义序列，如图 2-53 所示。

图 2-53　填充自定义序列

2.2.4　自动切换单元格

在默认情况下，在一个单元格中完成输入后，按【Enter】键即可移动到下方单元格。需要在一个单元格区域中输入多行多列数据时，频繁地切换单元格是一件很烦琐的事。Excel 2019 提供了一个很便捷的选项，以方便用户在选中的单元格区域快速输入数据。

下面以输入简易工资表中的绩效工资和当月工资为例，介绍修改填充方向的方法。

（1）在单元格 G3 中按住鼠标左键并拖动到单元格 H13，选中单元格区域 G3:H13，如图 2-54 所示。

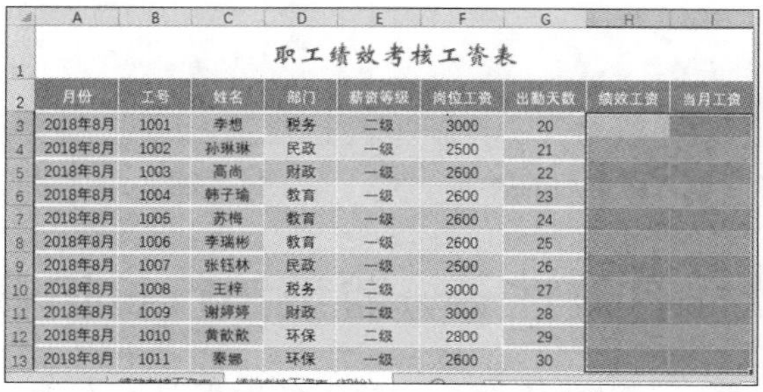

职工绩效考核工资表

月份	工号	姓名	部门	薪资等级	岗位工资	出勤天数	绩效工资	当月工资
2018年8月	1001	李想	税务	二级	3000	20		
2018年8月	1002	孙琳琳	民政	一级	2500	21		
2018年8月	1003	高尚	财政	一级	2600	22		
2018年8月	1004	韩子瑜	教育	一级	2600	23		
2018年8月	1005	苏梅	教育	一级	2600	24		
2018年8月	1006	李瑞彬	教育	一级	2600	25		
2018年8月	1007	张钰林	民政	一级	2500	26		
2018年8月	1008	王梓	税务	二级	3000	27		
2018年8月	1009	谢婷婷	财政	二级	3000	28		
2018年8月	1010	黄歆歆	环保	二级	2800	29		
2018年8月	1011	秦娜	环保	一级	2600	30		

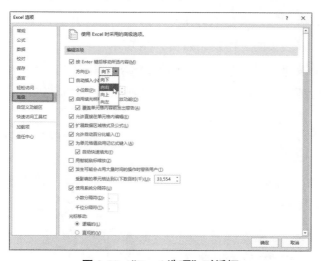

图 2-54　选中单元格区域

（2）单击“文件”菜单选项卡中的“选项”选项，弹出“Excel 选项”对话框。单击左侧的“高级”选项，单击“按 Enter 键后移动所选内容方向”复选框下方的“方向”下拉列表框右方的下拉按钮，选择“向右”选项，如图 2-55 所示。

图 2-55　“Excel 选项”对话框

请注意!　输入数据之后，最好将“方向”下拉列表框的默认选项恢复。

（3）单击“确定”按钮，关闭对话框。在单元格 H3 中输入数据，按【Enter】键完成输入，单元格 I3 将自动变为活动单元格，如图 2-56 所示。

（4）在单元格 I3 中输入数据后，按【Enter】键，单元格 H4 将自动变为活动单元格。依次类推，光标将在选定的单元格区域内依次导航。当完成全部数据的输入后，按【Enter】键，光标将回到单元格 H3，如图 2-57 所示。

图 2-56　在单元格 H3 中输入数据后的效果

图 2-57　完成输入后的效果

2.3　检查数据有效性——验证银行日记账

在 Excel 中输入数据时，经常需要检查输入的数据是否有效、是否符合要求。利用"数据验证"对话框可以限定单元格中输入数据的类型及范围，也可以提供一个选择列表方便用户输入数据，还能在输入无效数据时弹出提示信息。

本节以制作银行日记账为例，讲解利用"数据验证"对话框检查数据有效性的方法。

2.3.1　限定数据类型和范围

（1）打开已制作好表头的工作表，如图 2-58 所示。

（2）选中要限制数据类型的单元格区域 C4:D8，单击"数据"选项卡中的"数据工具"组中的"数据验证"按钮，弹出如图 2-59 所示的"数据验证"对话框。

图 2-58　银行日记账的表头　　　　　　　　图 2-59　"数据验证"对话框

（3）在"允许"下拉列表中选择"小数"选项，如图 2-60 所示。

❏ "整数"或"小数"表示只允许输入数字。

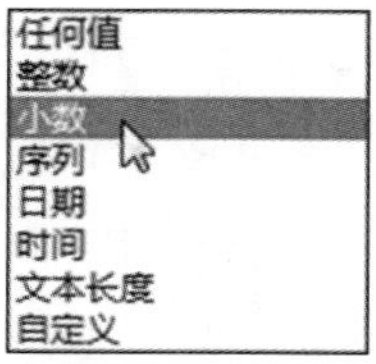

❑ "日期"或"时间"表示只允许输入日期或时间。

❑ "序列"表示单元格的有效数据范围仅限定于指定的数据序列。

❑ "文本长度"表示限制在单元格中输入的字符个数。

（4）在"数据"下拉列表中选择"大于或等于"选项，然后在"最小值"文本框中输入"0"，如图 2-61 所示。

图 2-60　"允许"下拉列表

如果允许单元格中出现空值，或者在设置数据范围的上、下限时引用了初始值为空值的单元格，则应选中"忽略空值"复选框。

（5）单击"确定"按钮，关闭对话框，然后在单元格 A4 中输入数字"1"。按【Enter】键后，将鼠标指针移到单元格 A4 右下角的填充柄上，按住鼠标左键并向下拖动到 A8 单元格，释放鼠标左键，选中单元格将自动填充相同的数字。

图 2-61　指定数据的范围

（6）单击"自动填充选项"按钮，在弹出的下拉菜单中选择"填充序列"选项，如图 2-62 所示，即可自动填充递增序列。

（7）在其他列的单元格中输入数据，如图 2-63 所示。

图 2-62　选择填充方式

图 2-63　输入数据

如果在"转账"列和"现金"列输入的数据不符合要求，则会弹出如图 2-64 所示的对话框，提示用户输入的数据与单元格定义的数据验证限制不匹配。

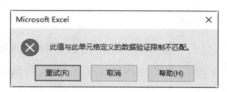

图 2-64　警告对话框

2.3.2 提供选择列表

Excel 除了可以限制输入的数据类型，还可以提供一个列表，用户只能在列表中选择预设的数据。

（1）选中要限制数据输入范围的单元格区域 G4:G8，单击"数据"选项卡中的"数据工具"组中的"数据验证"按钮，弹出"数据验证"对话框。

（2）在"允许"下拉列表中选择"序列"选项，然后在"来源"文本框中输入"销售部，研发部，企划部，人事部，财务部"，如图 2-65 所示。

图 2-65　设置数据类型和来源

请注意！　在"来源"文本框中输入序列时，各项之间要用英文逗号分隔，如果用中文逗号，那么将显示为一个整体。

"来源"文本框用于输入或选择数据序列的引用。如果在工作表中输入了数据序列，就可以单击"来源"文本框右侧的按钮，将对话框缩小（见图 2-66），切换到工作表中选择数据序列。选择完成后，单击文本框右侧的展开按钮，即可恢复"数据验证"对话框。

（3）选中"提供下拉箭头"复选框，便可以从预先定义好的序列中进行选择。

（4）单击"确定"按钮，关闭对话框。此时，在单元格 G4 右侧会显示一个下拉按钮，单击该按钮，将显示自定义的序列，如图 2-67 所示。在列表中单击相应的选项即可完成输入。

图 2-66　缩小对话框

图 2-67　在列表中选择输入

2.3.3 输入数据时的提示

尽管在限定数据的类型之后，输入其他类型的数据时会弹出错误警告，但不熟悉数据类型的用户并不能从根本上了解错误的原因。如果在输入数据时显示相应的提示信息，就能很好地增强表格的易用性和可读性。

下面介绍修改"转账"列和"现金"列的数据验证。

（1）选中单元格区域 C4:D8，单击"数据"选项卡中的"数据工具"组中的"数据验证"按钮，弹出"数据验证"对话框。

（2）切换到"输入信息"选项卡，选中"选定单元格时显示输入信息"复选框。在输入数据时显示提示信息，可以帮助用户理解单元格建立的有效性规则。

（3）如果想要在提示信息中显示黑体的标题，那么可以在"标题"文本框中输入标题内容，例如"小数"。

（4）在"输入信息"文本框中输入要显示的提示信息，如"仅限输入大于或等于 0 的数值"，如图 2-68 所示。

（5）单击"确定"按钮，关闭对话框。单击设置了数据验证限制的单元格时，就会弹出如图 2-69 所示的提示信息，提示用户输入正确的数据。

图 2-68　"输入信息"选项卡

图 2-69　在选中单元格时显示输入提示信息

2.3.4　自定义出错提示

默认的出错提示并不具体，用户可以自定义提示对话框。

（1）选中单元格区域 C4:D8，单击"数据"选项卡中的"数据工具"组中的"数据验证"按钮，弹出"数据验证"对话框，切换到"出错警告"选项卡。

（2）选中"输入无效数据时显示出错警告"复选框。

（3）在"样式"下拉列表中选择相应的选项，本例选择"停止"选项。

❑ "停止"表示在输入值无效时显示提示信息，错误被更正或取消前禁止用户继续工作。

❑ "警告"表示在输入值无效时询问用户是确认有效并继续其他操作，还是取消操作或返回并更正数据。

❑ "信息"表示在输入值无效时显示提示信息，让用户选择是保留已经输入的数据还是取消操作。

（4）在"标题"文本框中输入提示信息的标题。本例输入"出错啦！"。

（5）在"错误信息"文本框中输入要显示的提示信息的具体内容，按【Enter】键换行。本例输入"请输入值大于或等于0的数字！"，如图2-70所示。

（6）单击"确定"按钮，关闭对话框。在指定单元格中输入无效数据时，将弹出如图2-71所示的对话框。

图 2-70 "出错警告"选项卡

图 2-71 输入无效数据时的警告

2.3.5 圈释无效数据

在输入数据之后，Excel 还可以按照"数据验证"对话框中设置的限制范围对工作表中的数值进行判断，并标记所有含有无效数据的单元格。

（1）单击"数据"选项卡中的"数据工具"组中的"数据验证"按钮 右侧的下拉按钮，在弹出的下拉菜单中选择"圈释无效数据"选项，如图2-72所示，即可在含有无效输入值的单元格周围显示一个圆圈，如图2-73所示。

图 2-72 选择"圈释无效数据"选项

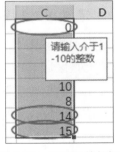

图 2-73 圈释无效数据

（2）更正无效输入值之后，圆圈随即消失。

想要清除所有圆圈，选择"数据验证"下拉菜单中的"清除验证标识圈"选项即可。

2.4 格式化工作表——集中采购计划表

设置单元格内容的格式可以增强电子表格的可读性。样式实际上就是一些特定属性的集合，如字体大小、背景图案、对齐方式等。使用样式可以在不同的表格区域一次应用多种格式，并保证单元格的格式一致。

本节将以格式化某省政府集中采购计划表为例，介绍设置单元格内容对齐方式、套用单元格样式和表格样式美化工作表，以及设置条件格式实现数据的可视化效果等知识点。

2.4.1 设置对齐方式

在默认情况下，单元格中的文本左对齐显示，数字、日期右对齐显示。为了美化工作表，通常会修改单元格内容的对齐方式。

下面以集中采购计划表为例，讲解设置单元格内容对齐方式的操作方法。

（1）打开已输入数据的工作表，如图 2-74 所示。

	A	B	C	D	E	F	G	H
1	政府集中采购计划表							
2	日期： 年 月						单位:元	
3	编号	品目名称	规格要求	数量	单价	总价	预算内	部门单位
4	CG001	空气调节设备		4	¥12,000	¥48,000	¥50,000	省消防总队
5	CG002	计算机		20	¥6,000	¥120,000	¥110,000	省卫生厅
6	CG003	摄影摄像器材		2	¥8,000	¥16,000	¥20,000	省教育厅
7	CG004	制装		500	¥400	¥200,000	¥200,000	省公安厅
8	CG005	教学设备		2	¥5,200	¥10,400	¥11,000	省教育厅
9	CG006	医疗设备		1	¥180,000	¥180,000	¥200,000	省卫生厅
10	CG007	技术侦察设备		30	¥4,000	¥120,000	¥150,000	省公安厅
11	CG008	个人防护装备		600	¥680	¥408,000	¥400,000	省消防总队
12	CG009	投影仪		2	¥4,500	¥9,000	¥10,000	省教育厅
13	CG010	网络设备		10	¥2,800	¥28,000	¥30,000	省公安厅

图 2-74 初始工作表

（2）选中单元格 A1，单击"开始"选项卡中的"对齐方式"组中的"居中"按钮，如图 2-75 所示，使标题文本在单元格中水平居中显示。

图 2-75 单击"居中"按钮

（3）将鼠标指针移到第 3 行的行号处并单击，选中第 3 行，然后单击"开始"选项卡中的"对齐方式"组中的"居中"按钮，使列标题水平居中显示，如图 2-76 所示。

	A	B	C	D	E	F	G	H
1				政府集中采购计划表				
2	日期： 年 月						单位:元	
3	编号	品目名称	规格要求	数量	单价	总价	预算内	部门单位
4	CG001	空气调节设备		4	¥12,000	¥48,000	¥50,000	省消防总队

图 2-76 列标题水平居中显示

接下来，将"编号"和"数量"列中的内容居中。

（4）在单元格 A4 上按住鼠标左键并拖动到 A13 单元格，释放鼠标左键，然后按住【Ctrl】键，在单元格 D4 上按住鼠标左键并拖动到 D13，选中 A 列和 D 列。单击"对齐方式"组右下角的扩展按钮，弹出"设置单元格格式"对话框，切换到"对齐"选项卡，如图 2-77 所示。

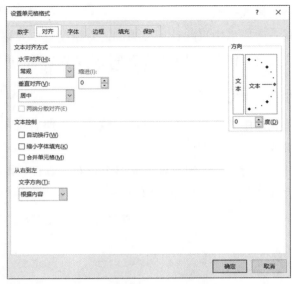

图 2-77 "对齐"选项卡

在"对齐"选项卡中可以设置文本对齐方式，控制文本格式，设置文本的方向。

选中"缩小字体填充"复选框，即可缩小字体，保持单元格内容的行距相同，且显示所有内容。选中"自动换行"复选框时，"缩小字体填充"复选框不可用。使用"缩小字体填充"功能容易破坏工作表整体的风格，所以一般情况下最好不要使用。

（5）在"水平对齐"下拉列表中选择"居中"选项，然后单击"确定"按钮，关闭对话框。此时的工作表如图 2-78 所示。

	A	B	C	D	E	F	G	H
1				政府集中采购计划表				
2	日期: 年 月						单位:元	
3	编号	品目名称	规格要求	数量	单价	总价	预算内	部门单位
4	CG001	空气调节设备		4	¥12,000	¥48,000	¥50,000	省消防总队
5	CG002	计算机		20	¥6,000	¥120,000	¥110,000	省卫生厅
6	CG003	摄影摄像器材		2	¥8,000	¥16,000	¥20,000	省教育厅
7	CG004	制装		500	¥400	¥200,000	¥200,000	省公安厅
8	CG005	教学设备		2	¥5,200	¥10,400	¥11,000	省教育厅
9	CG006	医疗设备		1	¥180,000	¥180,000	¥200,000	省卫生厅
10	CG007	技术侦察设备		30	¥4,000	¥120,000	¥150,000	省公安厅
11	CG008	个人防护装备		600	¥680	¥408,000	¥400,000	省消防总队
12	CG009	投影仪		2	¥4,500	¥9,000	¥10,000	省教育厅
13	CG010	网络设备		10	¥2,800	¥28,000	¥30,000	省公安厅

图 2-78 设置居中对齐后的效果

2.4.2 套用单元格样式

Excel 预置了一些单元格样式，使用预置的单元格样式可以快速设置单元格的格式。下面以设置集中采购计划表的单元格样式为例，讲解套用单元格样式的操作方法。

（1）打开已输入数据的集中采购计划表，如图 2-79 所示。

	A	B	C	D	E	F	G	H
1				销售业绩分析表				
2	日期	年	月					
3	员工编号	姓名	基本工资	收入提成	住房补助	应扣请假费	加班费	实发工资
4	ST001	李荣	¥2,400	¥1,400	¥120	¥60	¥100	¥3,960
5	ST002	谢婷	¥2,800	¥1,325	¥120	¥0	¥100	¥4,345
6	ST003	王朝	¥2,400	¥1,475	¥120	¥0	¥0	¥3,995
7	ST004	张家国	¥3,200	¥1,425	¥120	¥200	¥200	¥4,745
8	ST005	苗圃	¥1,600	¥1,380	¥120	¥50	¥200	¥3,250
9	ST006	李清清	¥2,000	¥1,470	¥120	¥100	¥200	¥3,690
10	ST007	范文	¥2,400	¥1,495	¥120	¥0	¥0	¥4,015
11	ST008	李想	¥2,800	¥1,300	¥120	¥0	¥100	¥4,320
12	ST009	陈材	¥3,200	¥1,400	¥120	¥240	¥200	¥4,680
13	ST010	文龙	¥2,000	¥1,355	¥120	¥100	¥0	¥3,375

图 2-79　未格式化的工作表

（2）选中单元格 A1，单击"开始"菜单选项卡中的"样式"组中的"单元格样式"按钮，弹出"单元格样式"下拉列表，如图 2-80 所示，选择"标题 1"样式选项。

（3）选中单元格区域 A2：H2，在"单元格样式"下拉列表中选择"链接单元格"选项，效果如图 2-81 所示。

接下来自定义单元格样式，用于格式化 A1 单元格。

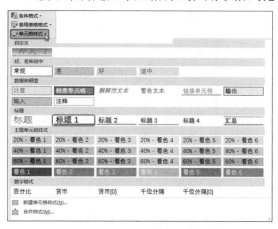

图 2-80　"单元格样式"下拉列表

图 2-81　设置单元格样式

（4）选择"单元格样式"下拉列表底部的"新建单元格样式"选项，弹出"样式"对话框，在"样式名"文本框中输入样式名称"newStyle"；单击"格式"按钮，弹出"设置单元格格式"对话框。

①在"对齐"选项卡中，设置水平和垂直对齐方式均为"居中"。

②在"字体"选项卡中，设置字体为"等线"、字形为"加粗"、字号为"16"，颜色为深蓝色，如图 2-82 所示。

③在"边框"选项卡中，设置线条样式为实

图 2-82　设置字体格式

线，颜色为蓝色，然后单击"下边框"按钮，如图 2-83 所示。

教你一招： **制作斜线表头**

在绘制表格边框时，斜线表头可以按以下步骤设置：选中要设置斜线表头的单元格，在如图 2-83 所示的"设置单元格格式"对话框中，单击"边框"区域右下角的按钮。

④在"填充"选项卡中，单击"填充效果"按钮，在弹出的"填充效果"对话框中分别设置颜色 1 为金色，颜色 2 为白色，底纹样式为"水平"，如图 2-84 所示。单击"确定"按钮，返回"设置单元格格式"对话框。

图 2-83　设置边框样式

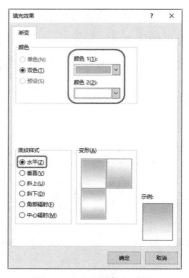

图 2-84　设置填充效果

（5）单击"确定"按钮，返回"样式"对话框，如图 2-85 所示，该对话框中显示了大部分设置。

（6）单击"确定"按钮，完成新样式的创建。选中单元格 A1，再次打开"单元格样式"列表，此时列表最上方显示了刚创建的样式。选择"newStyle"选项，效果如图 2-86 所示。

（7）按住【Ctrl】键选中单元格区域 D4：D13，在"单元格样式"下拉列表中选择"40%—着色 6"选项。用同样的方法为单元格区域 G4：G13 添加样式"40%—着色 6"，效果如图 2-87 所示。

在删除自动套用的单元格样式时，可以选中含有套用格式的单元格或单元格区域，然后单击"开始"选项卡中的"编辑"组的"清除"按钮，在弹出的下拉菜单中选择"清除格式"选项。

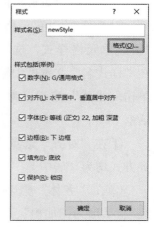

图 2-85　"样式"对话框

编号	品目名称	规格要求	数量	单价	总价	预算内	部门单位
			政府集中采购计划表				
日期:　年　　月						单位:元	
编号	品目名称	规格要求	数量	单价	总价	预算内	部门单位
CG001	空气调节设备		4	¥12,000	¥48,000	¥50,000	省消防总队
CG002	计算机		20	¥6,000	¥120,000	¥110,000	省卫生厅
CG003	摄影摄像器材		2	¥8,000	¥16,000	¥20,000	省教育厅
CG004	制装		500	¥400	¥200,000	¥200,000	省公安厅
CG005	教学设备		2	¥5,200	¥10,400	¥11,000	省教育厅
CG006	医疗设备		1	¥180,000	¥180,000	¥200,000	省卫生厅
CG007	技术侦察设备		30	¥4,000	¥120,000	¥150,000	省公安厅
CG008	个人防护装备		600	¥680	¥408,000	¥400,000	省消防总队
CG009	投影仪		2	¥4,500	¥9,000	¥10,000	省教育厅
CG010	网络设备		10	¥2,800	¥28,000	¥30,000	省公安厅

图 2-86　使用自定义样式后的效果

编号	品目名称	规格要求	数量	单价	总价	预算内	部门单位
			政府集中采购计划表				
日期:　年　　月						单位:元	
编号	品目名称	规格要求	数量	单价	总价	预算内	部门单位
CG001	空气调节设备		4	¥12,000	¥48,000	¥50,000	省消防总队
CG002	计算机		20	¥6,000	¥120,000	¥110,000	省卫生厅
CG003	摄影摄像器材		2	¥8,000	¥16,000	¥20,000	省教育厅
CG004	制装		500	¥400	¥200,000	¥200,000	省公安厅
CG005	教学设备		2	¥5,200	¥10,400	¥11,000	省教育厅
CG006	医疗设备		1	¥180,000	¥180,000	¥200,000	省卫生厅
CG007	技术侦察设备		30	¥4,000	¥120,000	¥150,000	省公安厅
CG008	个人防护装备		600	¥680	¥408,000	¥400,000	省消防总队
CG009	投影仪		2	¥4,500	¥9,000	¥10,000	省教育厅
CG010	网络设备		10	¥2,800	¥28,000	¥30,000	省公安厅

图 2-87　设置单元格样式

2.4.3　套用表格样式

Excel 预置了一些表格样式，这些表格样式对表格的各组成部分定义了一些特定的格式。自动套用表格样式可以快速设置单元格的格式和外观。

下面以设置集中采购计划表的格式为例，讲解套用表格样式的操作方法。

（1）选中单元格区域 A3：H13，单击"开始"选项卡中的"样式"组中的"套用表格格式"按钮，弹出表格样式下拉列表，如图 2-88 所示。

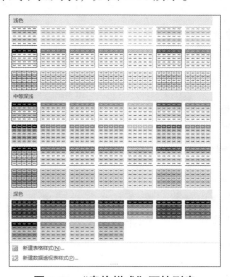

图 2-88　"表格样式"下拉列表

（2）选择"深色"区域中的"绿色，表样式深色11"选项，即可套用相应的表格样式，效果如图 2-89 所示。

图 2-89 套用表格格式的效果

此时，如果选中套用了表格样式的任意一个单元格，功能区将显示"表格工具/设计"选项卡，在"表格样式选项"组中可以设置表格样式的基本选项；在"表格样式"组中可以快速修改表格样式，如图 2-90 所示。

图 2-90 "表格工具/设计"选项卡

想要删除套用的表格样式，可以选中含有套用格式的区域，然后单击"开始"选项卡中的"编辑"组中的"清除"按钮✍，在弹出的下拉菜单选项中选择"清除格式"选项。

教你一招： 套用其他工作簿的样式

如果想要在一个工作簿中使用在其他工作簿中定义的单元格样式，那么可将样式复制过来，以免重复定义。

（1）打开要应用样式的工作簿（目标工作簿）和已定义样式的工作簿（源工作簿），在目标工作簿中单击"开始"选项卡中的"样式"组中的"单元格样式"按钮。

（2）在弹出的下拉菜单中选择"合并样式"选项命令，弹出"合并样式"对话框。在"合并样式来源"列表框中选择源工作簿，如图 2-91 所示，单击"确定"按钮，关闭对话框。

图 2-91 "合并样式"对话框

　　若两个工作簿中有相同的样式，则会弹出提示对话框，询问是否合并具有相同名称的样式。若要用复制的样式替换活动工作簿中的样式，则单击"是"按钮；若要保留活动工作簿中的样式，则单击"否"按钮。

　　此时，打开目标工作簿，在"单元格样式"下拉列表中即可看到在源工作簿中定义的样式。

2.4.4　设置条件格式

　　所谓"条件格式"，是指如果单元格内容满足指定的条件，那么 Excel 会自动应用指定的底纹、字体、颜色等格式。Excel 还可以使用数据条、色阶和图表集突出显示满足条件的单元格，强调异常值，实现数据的可视化效果，增强工作表的可读性。

　　下面以分析采购金额和预算为例，介绍设置条件格式的操作方法。

　　（1）突出显示单价大于 10 000 元的记录。选中单元格区域 E4：E13，在"条件格式"下拉菜单中选择"突出显示单元格规则"选项，在弹出的级联菜单中选择"大于"选项，如图 2-92 所示，弹出"大于"对话框。

图 2-92　选择"大于"选项

　　（2）在左侧的文本框中输入"10 000"，然后单击"设置为"下拉列表框右侧的下拉按钮，在弹出的下拉列表中选择"浅红填充色深红色文本"选项。此时，符合条件的单元格将以指定的格式显示，如图 2-93 所示。单击"确定"按钮，关闭对话框。

　　（3）突出显示采购数量最多的前 2 项。选中单元格区域 D4：D13，在"条件格式"下拉菜单中选择"最前 / 最后规则"选项，在弹出的级联菜单中选择"前 10 项"选项，弹出"前 10 项"对话框。设置要标记的项数为 2，格式为"红色边框"。此时，符合条件的单元格将以指定的格式显示，如图 2-94 所示。单击"确定"按钮，关闭对话框。

图 2-93　设置单价大于 10 000 元的数据的显示格式

图 2-94　设置突出显示前 2 项

（4）使用数据条直观地显示总价。选中单元格区域 F4：F13，单击"开始"选项卡中的"样式"组中的"条件格式"按钮，在弹出的下拉菜单中选择"数据条"选项，如图 2-95 所示。

（5）在弹出的级联菜单中选择一种数据条样式，如"渐变填充"区域的"浅蓝色数据条"选项，结果如图 2-96 所示，选中的单元格中将出现随着数据大小而长短不同的数据条。

图 2-95　选择"数据条"命令

（6）将预算内的金额分为三个等级显示。选中单元格区域 G4：G13，在"条件格式"下拉菜单中选择"图标集"选项，在弹出的级联菜单中选择"三色交通灯"选项。此时，可以看到 Excel 将选中数据分为三类，分别以不同的图标显示，如图 2-97 所示。

图 2-96　使用数据条显示总价的效果

图 2-97　使用图标集划分预算金额等级

想要修改或删除条件格式，可以执行以下操作。

（7）选择要修改或删除条件格式的单元格，单击"开始"菜单选项卡中的"样式"组中的"条件格式"按钮，在弹出的下拉菜单中选择"管理规则"选项，弹出如图 2-98 所示的"条件格式规则管理器"对话框。

图 2-98　"条件格式规则管理器"对话框

在这个对话框中，可以看到当前工作表中所有定义的条件格式。

（8）在"规则"列表中选中要进行管理的规则之后，单击"编辑规则"按钮，弹出如图 2-99 所示的"编辑格式规则"对话框，修改相应的规则。修改完毕后，单击"确定"按钮，关闭对话框。

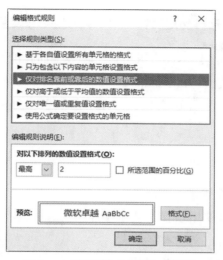

图 2-99　"编辑格式规则"对话框

（9）单击"上移"按钮或"下移"按钮，即可修改条件格式的应用顺序。

（10）单击"删除规则"按钮，即可删除选中的条件格式。

教你一招：　查找含有条件格式的单元格

在修改条件格式时，可能会含有条件格式的单元格所在的位置。利用 Excel 提供的"定位条件"功能可以快速找到符合条件的单元格或单元格区域。

（1）在工作表中选中任意一个单元格，单击"开始"菜单选项卡中的"编辑"组中的"查找和选择"按钮，在弹出的下拉菜单选项中选择"定位条件"选项，弹出如图 2-100 所示的"定位条件"对话框。

（2）选中"条件格式"单选按钮，然后单击"确定"按钮，即可在工作表中高亮显示所有带有条件格式的单元格，如图 2-101 所示。

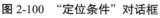

图 2-100　"定位条件"对话框

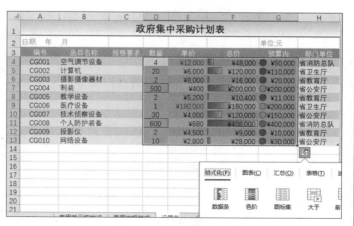

图 2-101　定位条件效果

2.5 让工作表活泼起来——评选"最美校园"

在 Excel 中使用图形和图片不仅可以美化工作表，而且能更清晰、形象地说明想要阐述的问题，使工作表中的数据一目了然。

本节以设计"最美校园"评选表为例，介绍艺术字、图片、自选图形和 SmartArt 图形在 Excel 中的应用。

2.5.1 插入艺术字

艺术字是一种具有特殊效果、突出显示文字的方法。在 Excel 中，可以使用预置的艺术字库选择艺术字样式，也可以自定义艺术字样式。

下面通过插入艺术字来设置销售对比表的标题，步骤如下。

（1）打开要插入艺术字的工作表，如图 2-102 所示。

（2）单击"插入"菜单选项卡中的"文本"组中的"艺术字"按钮，在弹出的下拉菜单中选

图 2-102　初始工作表

择一种艺术字样式，即可在工作区添加一个文本框，如图 2-103 所示。

（3）在文本框中输入标题内容"寻找最美校园"，并在"开始"选项卡中的"字体"组中调整其字体和字号，如图 2-104 所示。

图 2-103　艺术字文本框　　　　　　　　　　图 2-104　输入艺术字

（4）选中艺术字，在"开始"选项卡中的"字体"组中设置字体为"方正舒体"，然后单击"绘图工具/格式"选项卡中的"文本填充"按钮，在弹出的下拉列表中选择"图片"选项，弹出"插入图片"对话框，如图 2-105 所示。

图 2-105　"插入图片"对话框

（5）单击"来自文件"图标，在计算机中找到合适的图片插入。单击"绘图工具 / 格式"菜选项卡中的"文本轮廓"按钮，在弹出的下拉列表中设置轮廓颜色为深蓝色，粗细为 1 磅，效果如图 2-106 所示。

图 2-106　艺术字样式

接下来使用"转换"功能创建曲线文字。

（6）选中艺术字，单击"绘图工具 / 格式"选项卡中的"艺术字样式"组中的"文本效果"按钮，在弹出的下拉菜单中选择"转换"选项，然后在弹出的级联菜单中选择"正三角"选项，如图 2-107 所示。

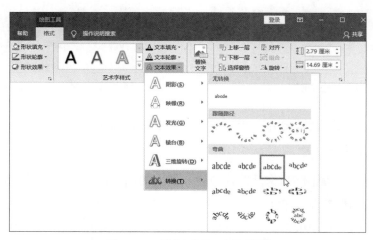

图 2-107　选择"正三角"选项

（7）拖动文本框四个角上的控制手柄，调整艺术字至合适大小，并将其拖到合适的位置，如图 2-108 所示。

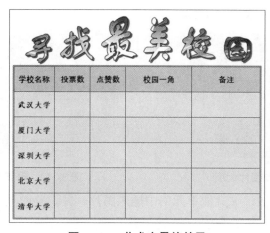

学校名称	投票数	点赞数	校园一角	备注
武汉大学				
厦门大学				
深圳大学				
北京大学				
清华大学				

图 2-108　艺术字最终效果

2.5.2　插入图片

在实际工作中，有时需要在工作表中插入图片。下面以在"最美校园"评选表中插入校园风光图片为例，介绍在 Excel 中插入图片并对图片进行基本操作的方法。

（1）单击要插入图片的单元格 E3，单击"插入"菜单选项卡中的"插图"组中的"图片"按钮，弹出"插入图片"对话框，如图 2-109 所示。

（2）在"插入图片"对话框中选择要插入的图片，单击"插入"按钮，即可在工作表中插入指定的图片，如图 2-110 所示。

图 2-109　单击"图片"按钮

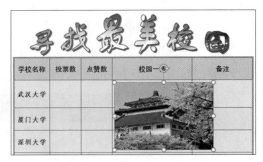

图 2-110　插入图片后的效果

> 提示　在"插入图片"对话框中按住【Ctrl】键选择多张图片，即可一次插入多张图片。

用户可以在工作表上随意拖动图片位置，插入的图片四周显示控制手柄。将鼠标指针移到图片四周的圆形控制手柄上，按住鼠标左键并拖动，即可调整图片的大小。将鼠标指针移到图片顶部的旋转手柄上，按住鼠标左键并拖动，即可旋转图片。

（3）将鼠标指针移到图片四个角的控制手柄上，当鼠标指针变为双向箭头时，按住左键并拖动，即可调整图片至合适大小，如图 2-111 所示。

（4）选中图片，选择"图片工具/格式"选项卡中的"图片样式"组中的"圆形对角，白色"选项，此时的图片效果如图 2-112 所示。

图 2-111　调整图片大小

图 2-112　设置图片样式后的效果

（5）使用同样的方法，在其他单元格中插入图片，并调整图片大小，如图 2-113 所示。

图 2-113　插入全部图片后的效果

2.5.3　绘制形状

在 Excel 中，用户可以很方便地绘制形状，如线条、箭头、矩形、公式形状、流程图和标注等，还能设计需要自定义形状的填充、轮廓和格式效果。

下面以在"最美校园"评选表中插入备注信息为例，介绍在 Excel 中添加形状、修改形状以及在形状中添加文本等基本操作的方法。

（1）单击"插入"选项卡中的"插图"组中的"形状"按钮，在弹出的下拉菜单中选择"基本形状"区域中的"云形"选项。此时，鼠标指针变为十字形"+"。

（2）将鼠标指针移到要绘制的起点处，按住鼠标左键并拖动，拖到终点时释放鼠标左键，即可绘制指定的形状，效果如图 2-114 所示。

图 2-114　绘制形状

 在拖动鼠标的同时按住【Shift】键，即可限制形状的尺寸，或创建规范的正方形或圆形。

（3）选中自选图形，单击"绘图工具/格式"选项卡中的"形状样式"组中的"形状填充"按钮，在弹出的下拉菜单中选择"其他填充颜色"选项，弹出"颜色"对话框。设置填充颜色为黄色，如图 2-115 所示。

（4）单击"绘图工具 / 格式"选项卡中的"形状样式"组中的"形状轮廓"按钮，在弹出的下拉菜单中设置轮廓颜色为深蓝色。此时的形状效果如图 2-116 所示。

接下来在形状中添加文本。

（5）在形状上右击，在弹出的快捷菜单中选择"编辑文字"选项，然后输入文本"绝美樱花"。在"开始"选项卡中的"字体"组中设置文本的字体、字号和颜色，然后调整形状的大小，使文字能完全显示，如图 2-117 所示。

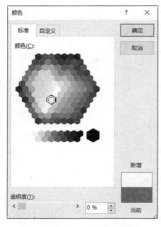

图 2-115　设置填充颜色

图 2-116　设置填充和
轮廓颜色后的形状效果

图 2-117　设置文字格式

 采用这种方式添加的文本与形状将组成一个整体，在默认情况下不能单独移动文本的位置。如果文本较多，那么部分文本可能会无法显示。

在形状上右击，在弹出的快捷菜单中选择"设置形状格式"选项，弹出"设置形状格式"任务窗格，如图 2-118 所示。

在"形状选项"选项卡中，可以设置形状的填充和轮廓样式、效果以及大小和属性；在"文本选项"选项卡中可以设置文本的填充颜色和轮廓、文字效果以及文本框属性，如图 2-119 所示。

图 2-118　"设置形状格式"任务窗格

图 2-119　设置文本选项

（6）使用同样的方法添加一个云形，添加文本，并设置形状和文本的格式，然后将形状拖到单元格中，效果如图 2-120 所示。

图 2-120　添加其他形状后的效果

教你一招： 快速添加同一个形状的多个副本

　　需要反复添加同一个形状时，可以在形状上右击，在弹出的快捷菜单中选择"锁定绘图模式"选项（见图 2-121），在工作区中单击即可多次绘制同一形状，不必每次都选择形状。按【Esc】键即可取消锁定。

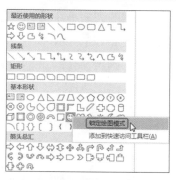

图 2-121　选择"锁定绘图模式"选项

2.5.4　插入 SmartArt 图形

　　SmartArt 图形是一种信息和观点的视觉展现形式，是一系列已经成型的表示某种关系的逻辑图或组织结构图。使用 SmartArt 图形可以轻松创建具有设计师水准的逻辑图或组织结构图。

　　下面通过创建交替显示各校风光图片的图形，介绍 SmartArt 图形在 Excel 中的应用。

（1）单击"插入"选项卡中的"插图"组中的"SmartArt"按钮，弹出"选择 SmartArt 图形"对话框，如图 2-122 所示。

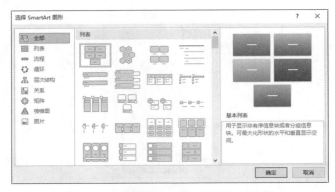

图 2-122　"选择 SmartArt 图形"对话框

Excel 2019 提供了八类 SmartArt 图形，在此简单说明如下。

❑ 列表：用于显示非有序信息块或者分组信息块。

❑ 流程：用于显示行进方向或者任务、流程或工作流中的顺序步骤。

❑ 循环：用于显示具有连续循环过程的流程。

❑ 层次结构：用于显示层次递进或上下级关系。

❑ 关系：用于解释图形之间的连接，显示彼此之间的关系。

❑ 矩阵：用于显示各部分与整体之间的关系。

❑ 棱锥图：用于显示比例、互连、层次或包含关系。

❑ 图片：用于显示以图片表示的想法。

（2）在左侧的列表框中选择"图片"选项，然后在中间的列表框中选择"交替图片圆形"选项，如图 2-123 所示。

（3）单击"确定"按钮，即可在工作表中插入图形，同时打开文本窗格，如图 2-124 所示。

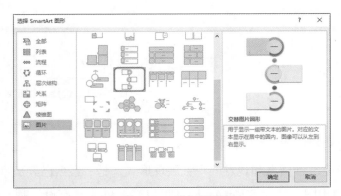

图 2-123　选择图形

（4）在文本窗格中输入文本，效果如图 2-125 所示。

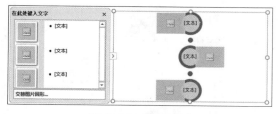

图 2-124　插入图形

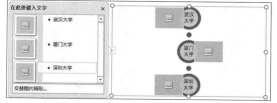

图 2-125　输入文本后的图示效果

当然，也可以直接在文本框中输入文本。

默认的图形如果不能满足设计需要，用户可以自行添加或删除形状。

（5）单击最靠近要添加新形状的位置的现有形状，如"深圳大学"所在的文本框或左侧的图片占位符，单击"SmartArt 工具 / 设计"选项卡中的"创建图形"组中的"添加形状"按钮右方的下拉按钮，在弹出的下拉菜单中选择"在后面添加形状"选项，如图 2-126 所示。

图 2-126　"添加形状"
下拉菜单

（6）按照上一步的方法在形状中添加文本。采用同样的方法添加其他形状并输入文本，此时的效果如图 2-127 所示。

需要删除 SmartArt 图形中的形状时，可以单击要删除的形状，然后按【Delete】键删除；需要删除整个 SmartArt 图形时，可以单击 SmartArt 图形的边框，然后按【Delete】键删除。

接下来插入图片。

（7）在工作表中单击图片所在的形状，在弹出的"插入图片"对话框中选择要插入的图片。插入图片后的效果如图 2-128 所示。

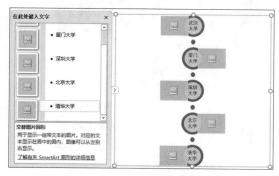

图 2-127　图形效果　　　　　　　　　图 2-128　插入图片

（8）单击"SmartArt 工具 / 设计"选项卡中的"创建图形"组中的"文本窗格"按钮，在打开的文本窗格中单击文本左侧的图形区域，弹出"插入图片"对话框，选择需要插入的图片，单击"插入"按钮。此时的文本窗格如图 2-129 所示。

（9）采用同样的方法插入其他图片，效果如图 2-130 所示。

 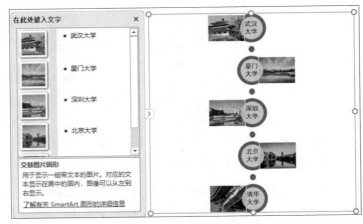

图 2-129　插入图片后的文本窗格　　　　图 2-130　插入图片后的效果

接下来更改图形的主题颜色和样式。

（10）单击图形的边框，单击"SmartArt 工具 / 设计"选项卡中的"更改颜色"按钮，在弹出的下拉菜单中选择"彩色 - 个性色"选项，然后在"SmartArt 样式"列表框中选择"强烈效果"选项。更改图形的主题颜色和样式后的效果如图 2-131 所示。

在"SmartArt 工具 / 格式"选项卡中可以修改形状和文本的格式。

（11）选中图形，单击"SmartArt 工具 / 设计"选项卡中的"创建图形"组中的"从右到左"按钮，可将图形的布局修改为从右到左，如图 2-132 所示。

（12）选中图形中的所有图片，统一修改图片的尺寸，然后调整图片的位置，效果如图 2-133 所示。

图 2-131　更改图形　　　图 2-132　修改图形布局　　　图 2-133　修改图形尺寸和
主题和样式后的效果　　　为从右到左后的效果　　　位置后的效果

2.5.5 插入矢量图标

矢量图标结构简单、传达力强，相比于纯文本能更形象地传达信息。Excel 2019 新增图标插入功能，可以像插入联机图片一样插入在线图标。

（1）单击"插入"选项卡中的"插图"组中的"图标"按钮，弹出"插入图标"对话框，如图 2-134 所示。

（2）在左侧的分类列表中选择要插入的图标分类，然后单击要插入的图标素材（如"庆祝"分类中的"勋章"），此时选中的图标右上角显示选中标志，对话框底部的"插入"按钮变为可用状态，如图 2-135 所示。

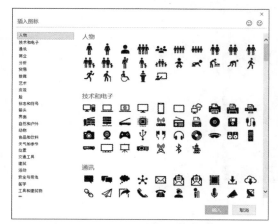
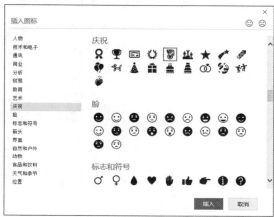

图 2-134 "插入图标"对话框　　　　　　　　图 2-135 选中要插入的图标

（3）单击"插入"按钮，即可在当前工作表中插入图标，调整图标的位置，效果如图 2-136 所示。

图 2-136 插入图标并调整其位置

插入的图标是矢量图形，可以在任意变形的同时保持高清晰度。值得一提的是，用户可以根据设计需要自定义图标的填充颜色和描边样式，甚至将图标拆分后分别进行填色。

（4）单击"图形工具/格式"菜单选项卡中的"组合"按钮，在弹出的下拉菜单中选择"取消组合"选项，此时会弹出一个提示对话框，询问用户是否将图标转换为 Microsoft Office 图形对象，如图 2-137 所示。

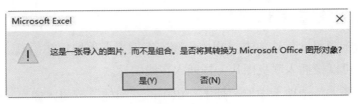

图 2-137　提示对话框

（5）单击"是"按钮，将图标转换为形状，之后便可以分别选中图标的各个组成部分。

（6）选中图标的一个组成部分，通过"图形工具 / 格式"选项卡中的"图形填充"和"形状轮廓"功能填充图标并描边，最终效果如图 2-138 所示。

图 2-138　分项填充图标

（7）重复以上步骤，插入其他矢量图标，并分项进行填充。最终效果如图 2-139 所示。

图 2-139　最终效果

2.1.1　输入文本

2.1.2　输入数字

2.1.3　输入身份证号

2.1.4　输入日期和时间

2.2.1　填充相同数据

2.2.2　填充序列

2.2.3　自定义序列

2.2.4　自动切换单元格

2.3　检查数据有效性——验证
银行日记账

2.4　格式化工作表——集中采购
计划表

2.5.1　插入艺术字

2.5.2　插入图片

2.5.3　绘制形状

2.5.4　插入 SmartArt 图形

2.5.5　插入矢量图标

第3章　数据管理与计算

Excel 具有强大的数据管理功能，可以对数据进行多种方式的查看、排序、筛选和分类汇总等操作。除了数据管理，Excel 还可广泛应用于数据统计和分析，实现这些功能的途径就是使用公式和函数进行计算。如果公式或函数中有一个数据发生了改变，那么 Excel 会根据新的数据自动更新计算结果。

3.1　查看数据——租金摊销计划表

当工作表中的数据很多时，可以来回滚动窗口底部或右侧的滚动条来调整显示内容，但经常会出现能看见前面的内容却看不见后面的内容，或者能看见左边的内容却看不见右边的内容的情况。使用"视图"选项卡中的"显示比例"和"窗口"组，即可在大型表格中便捷地查看、编辑数据。

本节以查看"租金摊销计划表"为例，介绍按比例、多窗口和冻结行列标题查看工作表的操作方法。

3.1.1　按比例查看

按比例查看，是指将工作表缩放到合适的大小，便于查看整体或局部。

（1）选中要查看的单元格区域，如图 3-1 所示。

（2）单击"视图"选项卡中的"显示比例"组中的"显示比例"按钮，在弹出的"显示比例"对话框中选中"自定义"单选按钮，在后面的文本框中输入"220"，如图 3-2 所示。

图 3-1　选中要查看的单元格区域　　　　图 3-2　设置显示比例

选中"恰好容纳选定区域"单选按钮时，工作表将缩放到合适的比例，使当前窗口刚好能最大或最小比例完整显示选定的数据区域，有助于用户重点关注工作表的特定区域。

　　（3）单击"确定"按钮，关闭对话框，选中的单元格区域将以 220% 的比例显示，如图 3-3 所示。

　　（4）在状态栏中，拖动"显示比例"滑动条上的滑动控件到 70%，选中的单元格区域将以 70% 的比例显示，如图 3-4 所示。

　　（5）单击"视图"选项卡中的"显示比例"组中的"缩放到选定区域"按钮，工作表的显示比例将自动调整，使所选单元格区域恰好充满整个窗口，如图 3-5 所示。

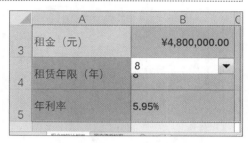

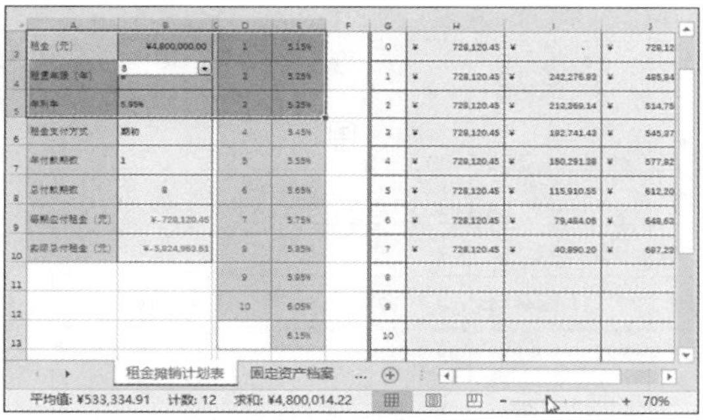

图 3-3　以 220% 的比例显示

图 3-4　以 70% 的比例显示

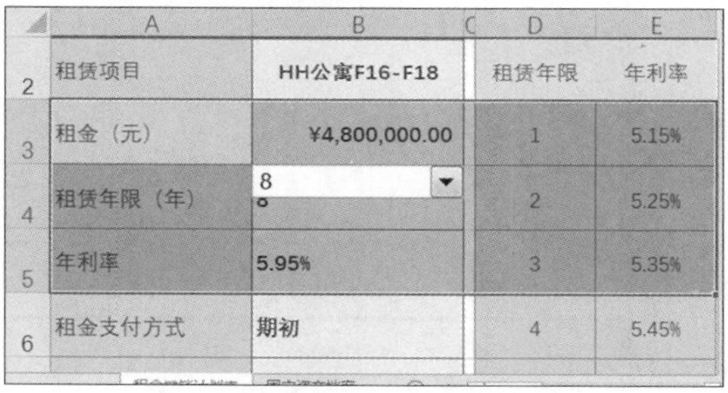

图 3-5　缩放到选定区域的显示

该按钮的作用与"显示比例"对话框中的"恰好容纳选定区域"单选按钮的作用相同。

　　（6）单击"视图"选项卡中的"显示比例"组中的"100%"按钮，或单击状态栏中的"显示比例"滑动条的中间位置，即可恢复正常的显示比例。

3.1.2　多窗口查看

　　当工作表中的数据很多时，可以使用"拆分"功能将工作表拆分成 4 个窗口显示，在不隐藏行或列的情况下将相隔很远的行或列移动到相近的地方，以便更准确地输入数据。

　　（1）在要拆分的工作表中选中单元格 F6，单击"视图"选项卡中的"窗口"组中的"拆分"按钮 ，工作表便被拆分成 4 个窗格，如图 3-6 所示。

　　从图 3-6 可以看出，每个窗格都有水平滚动条和垂直滚动条，这样可以将相隔很远的行或列移动到相近的地方，如图 3-7 所示。

　　（2）再次单击"视图"选项卡中的"窗口"组中的"拆分"按钮 ，或者双击拆分框，即可取消拆分。

图 3-6　工作表被拆分成 4 个窗格

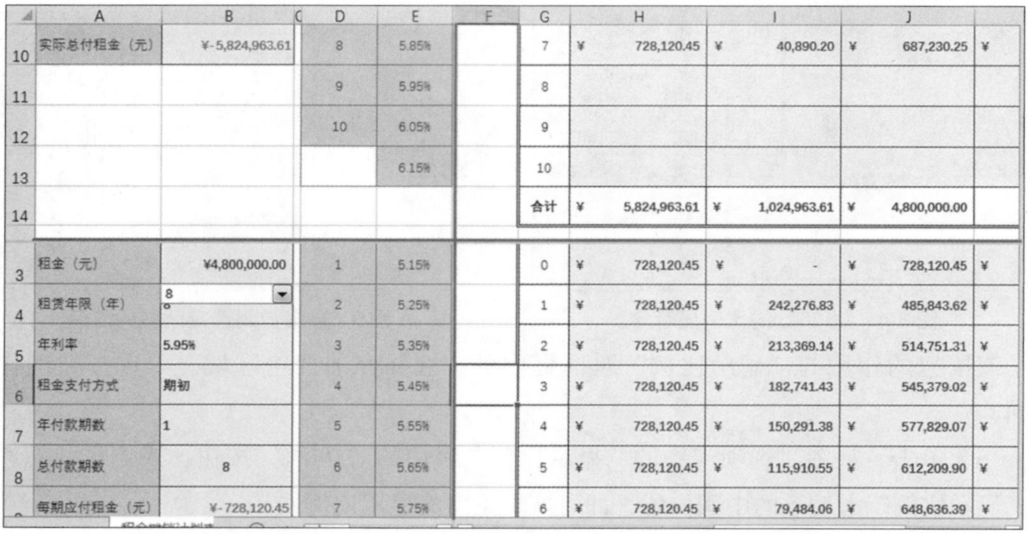

图 3-7　查看数据

3.1.3　冻结行列标题查看

如果工作表的数据行或列很多，拖动滚动条查看数据时，表格的行标题或列标题就会被隐藏起来。冻结窗口功能可以在移动工作表可视区域时，始终保持某些行或列在可视区域，以便用户查看数据。被冻结的部分往往是标题行或列，也就是表头部分。

（1）选中要冻结的行和列相交叉的单元格的右下方的单元格，例如，要想冻结第一行和第一列，则应选中单元格 B2。本例选择 H3 单元格，如图 3-8 所示。

（2）单击"视图"选项卡中的"窗口"组中的"冻结窗格"按钮，在弹出的下拉菜单中选择"冻结窗格"选项，选中的单元格左上角将显示两条垂直的灰线，这表示可以将表格的首行和首列冻结在当前窗口中，不论如何拖动滚动条，首行和首列都会显示，如图3-9 所示。

图 3-8　选中单元格

图 3-9　冻结后的窗口

（3）单击"视图"选项卡中的"窗口"组中的"冻结窗格"按钮，在弹出的下拉菜单中选择"冻结首行"选项，则垂直滚动工作表时，首行始终保持可见，如图3-10 所示。

（4）单击"视图"选项卡中的"窗口"组中的"冻结窗格"按钮，在弹出的下拉菜单中选择"冻结首列"选项命令，则水平滚动工作表时，首列始终保持可见，如图3-11 所示。

图 3-10　冻结首行效果

图 3-11　冻结首列效果

（5）单击"视图"选项卡中的"窗口"组中的"冻结窗格"按钮，在弹出的下拉菜单中选择"取消冻结窗格"选项，即可取消窗口冻结。

3.2　编辑数据——固定资产记录表

为了使工作表中的数据明晰易懂，通常会对工作表中的数据按某种方式进行排序，或添加批注以增强可读性。

3.2.1 按关键字排序

工作表中的数据都有规律性，使用排序功能可以根据数据表中某特定列中的内容重新组织行的顺序。

按关键字排序就是按数据区域中某一列的字段进行排序，这是最常用也是最简单的一种排序方法。

本节以"固定资产记录"为例，介绍在 Excel 中按单关键字排序和按多关键字排序的操作方法。

（1）打开工作表"固定资产记录表"，如图 3-12 所示。

（2）选中待排序数据列中的任意一个单元格，例如选中"资产名称"列中的一个单元格，单击"数据"选项卡中的"排序和筛选"组中的"升序"按钮 ⬇️，即可按资产名称拼音字母的先后顺序进行排列，如图 3-13 所示。

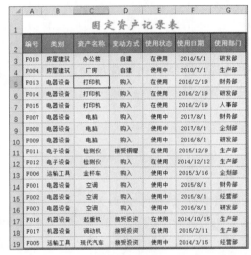

图 3-12　固定资产记录表　　　　图 3-13　按资产名称拼音字母先后顺序排列

Excel 默认按单元格值进行排序，在按升序排序时，会遵循以下规则。

❑ 文本以及包含数字的文本按以下的顺序排序，也就是 0 1 2 3 4 5 6 7 8 9（空格）! " # $ % & ( ) * , . / : ; ? @ [\ ] ^ _ ` { | } ~ + < = > a b c d e f g h i j k l m n o p q r s t u v w x y z A B C D E F G H I J K L M N O P Q R S T U V W X Y Z，撇号 (') 和连字符 (-) 会被忽略。

请注意！　　　　如果两个文本字符串除了连字符不同，其余都相同，那么带连字符的文本排在后面。

❑ 在按字母先后顺序对文本进行排序时，从左到右逐个字符进行排序。例如，如果一个单元格含有文本"A100"，那么这个单元格将排在含有"A1"的单元格的后面，含有"A11"的单元格的前面。

❑ 在逻辑值中，False 排在 True 前面。

❑ 所有错误值的优先级相同。

❑ 空白单元格始终排在最后。

在按降序排序时，除了空白单元格总是排在最后以外，其他的排序次序反转。

在按单关键字进行排序时，经常会遇到两个或多个关键字相同的情况。如果想要分出这些关键字相同的记录的顺序，就需要使用多关键字排序。例如，在资产名称相同的情况下，按使用日期进行排序。

（3）单击"数据"选项卡中的"排序和筛选"组中的"排序"按钮，弹出"排序"对话框。在"主要关键字"下拉列表框中选择"资产名称"选项，在"排序依据"下拉列表框中选择"单元格值"选项，在"次序"下拉列表框中选择"升序"选项。

（4）单击"添加条件"按钮，设置次要关键字为"使用日期"，排序依据为"单元格值"，次序为"升序"，如图 3-14 所示。

图 3-14　设置主要关键字和次要关键字

要想删除排序条件，可以选中要删除的条件，然后单击"排序"对话框上方的"删除条件"按钮。

（5）单击"确定"按钮，关闭对话框，完成排序操作，结果如图 3-15 所示。

▲	A	B	C	D	E	F	G
1			固定资产记录表				
2	编号	类别	资产名称	变动方式	使用状态	使用日期	使用部门
3	F010	房屋建筑	办公楼	自建	在使用	2014/5/1	研发部
4	F004	房屋建筑	厂房	自建	使用中	2010/7/1	生产部
5	F013	电器设备	打印机	购入	在使用	2016/2/19	财务部
6	F014	电器设备	打印机	购入	在使用	2016/2/19	研发部
7	F015	电器设备	打印机	购入	在使用	2016/2/19	人事部
8	F009	电器设备	电脑	购入	使用中	2016/8/1	研发部
9	F007	电器设备	电脑	购入	在使用	2017/8/1	财务部
10	F008	电器设备	电脑	购入	使用中	2017/8/1	企划部
11	F012	电子设备	检测仪	购入	在使用	2014/12/12	生产部
12	F011	电子设备	检测仪	接受捐赠	在使用	2015/12/9	生产部
13	F006	运输工具	金杯车	购入	使用中	2015/3/16	企划部
14	F001	电器设备	空调	购入	使用中	2015/8/1	财务部
15	F002	电器设备	空调	购入	在使用	2015/8/1	经营部
16	F003	电器设备	空调	购入	使用中	2015/8/1	研发部
17	F016	机器设备	起重机	接受投资	在使用	2014/10/15	生产部
18	F017	机器设备	调动机	接受投资	在使用	2015/2/11	生产部
19	F005	运输工具	现代汽车	接受投资	使用中	2014/3/15	经营部

图 3-15　多关键字排序结果

教你一招：按笔画排序汉字

在对汉字排序时，默认根据汉语拼音的字母顺序进行排序。Excel 也可以根据笔画排序对汉字进行排序。

（1）选中待排序的数据列中的一个单元格，单击"数据"选项卡中的"排序和筛选"组中的"排序"按钮，弹出"排序"对话框。

（2）单击对话框上方的"选项"按钮，弹出"排序选项"对话框，如图 3-16 所示。

在"排序选项"对话框中，可以指定在按字母排序时指定是否区分大小写以及按列排序或按行排序。

（3）选中"笔画排序"单选按钮，然后单击"确定"按钮，关闭对话框。

图 3-16　"排序选项"对话框

3.2.2　按颜色排序

除了按单元格值进行排序，Excel 还支持按单元格颜色、字体颜色和条件格式图标进行排序。这些排序方式均在"排序"对话框中进行设置。

（1）先取消排序。选中 A 列中的任一单元格，单击"数据"选项卡中的"排序和筛选"组中的"升序"按钮，按"编号"升序排列。

（2）选中数据区域中的任意一个单元格，单击"数据"选项卡中的"排序和筛选"组中的"排序"按钮，弹出"排序"对话框。

（3）在"主要关键字"下拉列表中选择"资产名称"选项，在"排序依据"下拉列表中选择"单元格颜色"选项，在"次序"下拉列表中选择"淡蓝色"选项，在"位置"下拉列表中选择"在顶端"选项，如图 3-17 所示。

图 3-17　"排序"对话框

（4）单击"确定"按钮，关闭对话框，即可按淡蓝色、淡黄色的次序排列数据记录，效果如图 3-18 所示。

图 3-18　排序结果

3.2.3　自定义序列排序

除了对数据进行升序或降序排列，用户还可以根据自定义序列对数据进行排序。例如，若要查看各个部门使用固定资产的情况，那么可将部门作为关键字，按照财务部、经营部、研发部、人事部、生产部、企划部的顺序进行排序。

（1）在待排序的数据区域中选中任意一个单元格。

（2）单击"数据"选项卡中的"排序和筛选"组中的"排序"按钮，弹出"排序"对话框。

（3）在"主要关键字"下拉列表中选择"使用部门"选项，在"排序依据"下拉列表中选择"单元格值"选项，在"次序"下拉列表中选择"自定义序列"选项，如图 3-19 所示，弹出"自定义序列"对话框。

图 3-19　选择"自定义序列"选项

（4）在"输入序列"文本框中输入自定义序列，列表项之间用【Enter】键分隔。单击"添加"按钮，将输入的序列添加到"自定义序列"列表框中，如图 3-20 所示。

（5）单击"确定"按钮关闭对话框，此时的排序次序将显示为指定的序列，如图 3-21 所示。

（6）单击"确定"按钮，关闭对话框，即可按指定序列进行排序，如图 3-22 所示。

图 3-20 "自定义序列"对话框　　　图 3-21 按指定序列进行排序

图 3-22 按自定义序列排序的效果

　　　　自定义排序只能作用于"主要关键字"下拉列表框中指定的数据列。如果要使用自定义排序对多个数据列排序，那么需要分别对每一个列执行一次排序操作。

3.2.4　添加批注

　　给一些包含特殊数据或公式的单元格添加批注，便于用户记忆、理解相应单元格的信息，批注中通常包含了很多非常有用的信息。

　　下面以为"固定资产记录表"添加批注为例，介绍添加批注、查看批注、编辑批注和删除批注的操作方法。

　　（1）打开"固定资产记录表"，选中要添加批注的单元格 D7。

　　（2）单击"审阅"选项卡中的"批注"组中的"新建批注"按钮，选中的单元格右侧会出现一个黄色的小方框，第一行显示编辑者的名字，如图 3-23 所示。

　　（3）在小方框中输入单元格的批注文本。然后单击工作表中其他任意单元格，隐藏批注。此时，含有批注的单元格右上方会显示一个红色三角形，表示此单元格添加了批注，如图 3-24 所示。

（4）采用同样的方法添加其他批注，如图 3-25 所示。

（5）将鼠标指针移到添加了批注的单元格上，即可查看批注，如图 3-26 所示。在"批注"组中单击"上一条"或"下一条"按钮，即可在工作表所有的批注之间进行切换。

图 3-23　单元格的批注　　图 3-24　添加了批注的单元格　图 3-25　添加其他批注　　　图 3-26　查看批注

将鼠标指针直接移到添加了批注的单元格上，批注会自动显示出来，移开指针批注就会自动隐藏。如果工作表中的批注很多，那么用移动鼠标指针的方式查看批注会很麻烦，此时可以显示工作表中的全部批注。

（6）单击"审阅"选项卡中的"批注"组中的"显示所有批注"按钮，即可显示工作表中的全部批注，如图 3-27 所示。

（7）再次单击"显示所有批注"按钮，即可隐藏所有批注。

图 3-27　显示所有批注

教你一招："永久"显示单个批注

这里说的"永久"，是指移开鼠标指针时，批注仍然显示。若希望只"永久"显示某个指定的批注，则可右击批注所在的单元格，在弹出的快捷菜单中选择"显示／隐藏

批注"选项，或直接单击"批注"组中的"显示／隐藏批注"按钮。设置完毕后，批注
会一直显示，如图 3-28 所示。

若要取消"永久"显示批注，则可右击批注所在的
单元格，在弹出的快捷菜单中再次选择"显示／隐藏批
注"选项，或直接单击"批注"组中的"显示／隐藏批
注"按钮。

图 3-28 "永久"显示单个批注

若发现批注中的内容有误，则可打开批注进行修改。

（8）选中批注所在单元格，单击"批注"组中的"编辑批注"按钮，批注内容变为可
编辑状态，此时可修改批注内容。修改完成后，单击其他单元格，即可完成修改。

如果不再需要某个批注，可以删除批注。

（9）选中要删除的批注所在的单元格，单击"批注"组中的"删除"按钮。

3.3 使用公式计算数据——党费收缴明细表

在 Excel 中，公式是指在工作表中对数据进行计算的等式。可以用公式对工作表中的
数据进行运算，也可以在公式中使用各种函数。使用公式计算时，可以引用同一工作表
中的其他单元格、同一工作簿中不同工作表的单元格，或者其他工作簿的工作表中的单
元格。

本节以制作"党费收缴明细表"为例，讲解使用公式计算数据的操作方法，包括编辑
和复制公式、使用名称和单元格引用计算数据，以及审核计算结果等。

3.3.1 认识公式的组成

公式由一个或多个单元格地址、值和数学运算符构成。创建公式的操作类似于输入文
本，不同之处在于输入公式的时候总是以"="开头，"="后面才是公式的表达式。

下面以计算应缴党费为例，介绍公式的输入方法和组成。

（1）打开已制作好的"党费收缴明细表"，如图 3-29 所示。

（2）选中单元格 D5，输入公式"=C5*1.00%"，或直接在编辑栏中输入"=C5*1.00%"，
如图 3-30 所示。

输入公式时必须先输入"="，否则只会将输入的内容填入选定的单元格
中。如果公式中有括号，那么必须是英文状态或者是半角中文状态。列号和
行号不区分大小写，Excel 会自动转换为大写。

Excel 的公式有自己的语法规则，即以等号开头，后面紧跟操作数和运算符。操作数
可以是常数、地址、常量、单元格名称、函数等形式；运算符对公式中的元素进行特定类

图 3-29　党费收缴明细表

图 3-30　输入公式

型的运算，运算符包含算术运算符、比较运算符、字符串连接运算符和引用运算符。

- ❑ 算术运算符：用于完成基本的数学运算，如 +（加）、−（减）、*（乘）、/（除）、%（百分比）和 ^（乘幂）。
- ❑ 比较运算符：用于比较两个值，结果是一个逻辑值（TRUE 或 FALSE），如 =（等于）、>（大于）、<（小于）、>=（大于或等于）、<=（小于或等于）、<>（不等于）。
- ❑ 字符串连接运算符：使用符号（&）将两个文本值连接或串起来，产生一个连续的文本值。
- ❑ 引用运算符：用于将单元格区域合并计算，如表 3-1 所示。

表 3-1　引用运算符

引用运算符	含义（示例）
:（冒号）	区域运算符，包括在两个引用之间的所有单元格的引用 (B3:B12)
,（逗号）	联合运算符，将多个引用合并为一个引用 (SUM(B5:B15,D5:D15))
（空格）	交叉运算符，产生对两个引用共有的单元格的引用 (B7:D7 C6:C8)

运算符的优先级是：引用运算符，负号，百分比，乘幂，乘和除，加和减，字符串连接运算符，比较运算符。越靠前优先级越高，计算时优先计算。

（3）按【Enter】键，或单击编辑栏上的"输入"按钮 ✔，即可计算出对应的党费，如图 3-31 所示。

从图 3-31 可以看出，在单元格中输入公式后，单元格中显示的是公式计算的结果，而在编辑栏中显示的是输入的公式。如果发现输入的公式有错误，就可以很方便地进行修改。

（4）在单元格 F5 中输入 "="，然后单击单元格 E5；输入乘号 "*" 后，再单击单元格 I17，单元格 I:5 中将填充公式 "=E5*I17"，如图 3-32 所示。按【Enter】键，或者单击编辑栏中的"输入"按钮 ✔，即可得出计算结果。

图 3-31　得出计算结果 　　　　　　　图 3-32　输入公式

（5）按照上一步的方法，在单元格 H5 中填充公式"=G5*I18"。按"Enter"键，或者单击编辑栏中的"输入"按钮✓，得出计算结果，如图 3-33 所示。

图 3-33　得出计算结果

3.3.2　复制公式

如果多个单元格的公式相同，就可以复制公式，Excel 会自动根据使用的参数更新计算结果。如果公式中有数据发生变化，也不需要重新计算，这在很大程度上有助于减少错误，提高效率。

下面以计算第四季度应缴党费为例，介绍复制公式的方法。

（1）选中单元格 I5，在单元格中输入公式"=D5+F5+H5"，如图 3-34 所示。按【Enter】键，或者单击编辑栏中的"输入"按钮✓，得出计算结果。

图 3-34　计算第四季度应缴党费

（2）选中已输入公式的单元格 I5。将鼠标指针移到单元格右下角的填充柄上，当鼠标指针变为黑色十字形"+"时，按住鼠标左键并

拖动至单元格 I12，释放鼠标左键，单元格区域 I5：I12 将自动填充计算结果，如图 3-35 所示。

此时，选中单元格 I6，在编辑栏中可以看到该单元格中的公式为“=D6+F6+H6”，如图 3-36 所示；选中单元格 I7，在编辑栏中可以看到该单元格中的公式为“=D7+F7+H7”；依次类推，各个单元格均填充了正确的公式，并非复制的“=D5+F5+H5”。这就涉及单元格引用的类型了，下一节将对单元格引用的类型进行详细介绍。

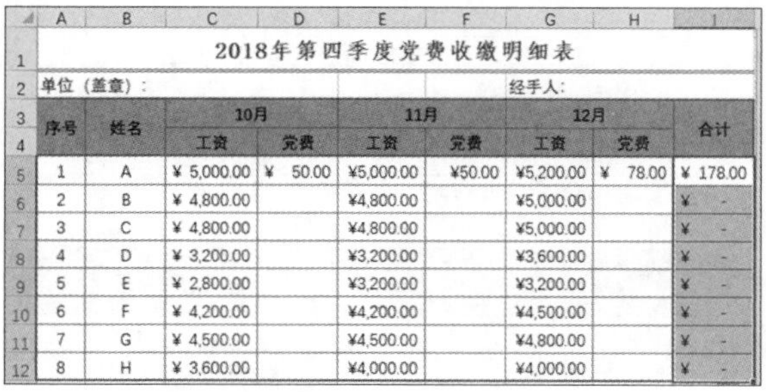

2018年第四季度党费收缴明细表								
单位（盖章）：					经手人：			
序号	姓名	10月 工资	10月 党费	11月 工资	11月 党费	12月 工资	12月 党费	合计
1	A	¥ 5,000.00	¥ 50.00	¥5,000.00	¥50.00	¥5,200.00	¥ 78.00	¥ 178.00
2	B	¥ 4,800.00		¥4,800.00		¥5,000.00		¥ -
3	C	¥ 4,800.00		¥4,800.00		¥5,000.00		¥ -
4	D	¥ 3,200.00		¥3,200.00		¥3,600.00		¥ -
5	E	¥ 2,800.00		¥3,200.00		¥3,200.00		¥ -
6	F	¥ 4,200.00		¥4,200.00		¥4,500.00		¥ -
7	G	¥ 4,500.00		¥4,500.00		¥4,800.00		¥ -
8	H	¥ 3,600.00		¥4,000.00		¥4,000.00		¥ -

图 3-35　复制公式

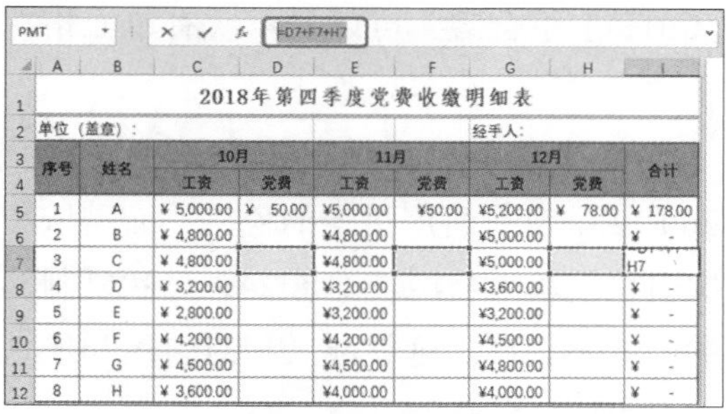

2018年第四季度党费收缴明细表								
单位（盖章）：					经手人：			
序号	姓名	10月 工资	10月 党费	11月 工资	11月 党费	12月 工资	12月 党费	合计
1	A	¥ 5,000.00	¥ 50.00	¥5,000.00	¥50.00	¥5,200.00	¥ 78.00	¥ 178.00
2	B	¥ 4,800.00		¥4,800.00		¥5,000.00		¥ -
3	C	¥ 4,800.00		¥4,800.00		¥5,000.00		H7
4	D	¥ 3,200.00		¥3,200.00		¥3,600.00		¥ -
5	E	¥ 2,800.00		¥3,200.00		¥3,200.00		¥ -
6	F	¥ 4,200.00		¥4,200.00		¥4,500.00		¥ -
7	G	¥ 4,500.00		¥4,500.00		¥4,800.00		¥ -
8	H	¥ 3,600.00		¥4,000.00		¥4,000.00		¥ -

图 3-36　查看填充的公式

教你一招：显示或隐藏工作表中的所有公式

在 Excel 单元格中输入公式后默认只显示计算结果，想要查看单元格中输入的公式，可以双击单元格，或者选中单元格后在编辑栏中查看。当想要查看的公式较多时，这样操作显然很麻烦。

在英文输入状态下，按下【Ctrl+`】组合键，即可显示所有单元格中的公式，如图 3-37 所示。再次按下【Ctrl+`】组合键，则会显示所有单元格中公式的计算结果。

2018年第四季度党费收缴明细表					
			经手人：		
党费	11月 工资	11月 党费	12月 工资	12月 党费	合计
=C5*1%	5000	=E5*I17	5200	=G5*I18	=D5+F5+H5
	4800		5000		=D6+F6+H6
	4800		5000		=D7+F7+H7
	3200		3600		=D8+F8+H8
	3200		3200		=D9+F9+H9
	4200		4500		=D10+F10+H10
	4500		4800		=D11+F11+H11
	4000		4000		=D12+F12+H12

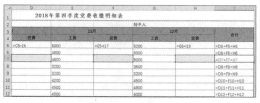

图 3-37　显示所有公式

单击“公式”菜单选项卡中的“公式审核”组中的“显示公式”按钮，也可以显示或隐藏所有单元格中的公式。

3.3.3　使用单元格引用

引用的作用在于标识工作表上的单元格或单元格区域，并指明公式中所使用的数据的位置。通过引用，可以在公式中使用工作表中不同部分的数据，或者在多个公式中使用同一个单元格中的数据。还可以引用同一个工作簿中不同工作表中的单元格和其他工作簿中的数据。使用单元格引用可使工作表的修改和维护更加容易。

下面以计算每人每月应缴党费为例，讲解常用的引用类型，以及使用单元格引用数据的操作方法。

（1）单击单元格 F5，将鼠标指针移到单元格右下角的填充柄上，当鼠标指针变为黑色十字形"+"时，按住左键并拖动至 F12 单元格，释放鼠标右键，单元格区域 F5:F12 将自动填充计算结果，如图 3-38 所示。

图 3-38　复制公式

（2）在英文输入状态下，按【Ctrl+`】组合键，可以显示所有单元格中的公式，如图 3-39 所示。

从图 3-39 可以看出，单元格区域 F6:F12 中没有引用指定的税率，而是依次引用了单元格区域 I18:I24，显然复制的公式不正确。这就涉及相对引用和绝对引用这两个概念。

图 3-39　查看公式

1．相对引用

相对引用基于单元格的相对位置引用字母标识列（即列标，从 A 到 IV，共 256 列），引用数字标识行（即行号，从 1 到 65 536）。相对引用样式的示例如表 3-2 所示。

表 3-2　相对引用样式示例

引用单元格	相对引用方式
列 A 和行 10 交叉处的单元格	A10
在列 A 和行 10 到行 20 之间的单元格区域	A10:A20
在行 15 和列 B 到列 E 之间的单元格区域	B15:E15
行 5 中的全部单元格	5:5
行 5 到行 10 之间的全部单元格	5:10
列 H 中的全部单元格	H:H
列 H 到列 J 之间的全部单元格	H:J
列 A 到列 E 和行 10 到行 20 之间的单元格区域	A10:E20

如果公式所在单元格的位置改变，那么相对引用会随着复制的方向不同而改变，例如，将单元格 C7 中的公式复制到单元格 D7，公式内容将自动从"=SUM

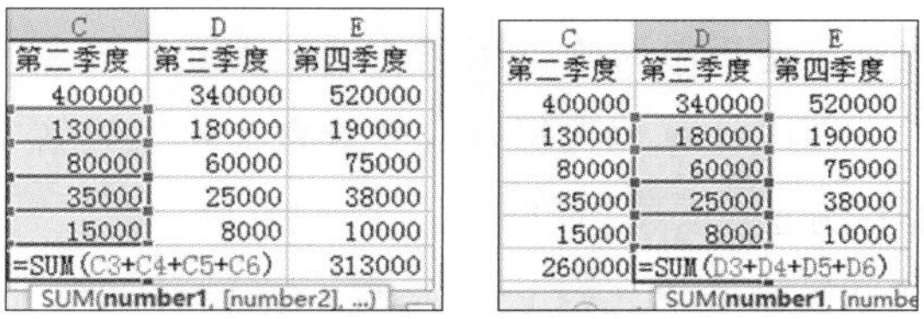

图 3-40　复制的公式含有相对引用

（C3+C4+C5+C6）"调整为"=SUM（D3+D4+D5+D6）"，如图 3-40 所示。如果多行或多列地复制公式，那么相对引用将做相应的调整。

2．绝对引用

绝对引用是指在某个引用前加入绝对地址符"$"，即总是引用指定位置的单元格。即便公式所在单元格的位置改变，绝对引用也保持不变。

例如，在如图 3-41 所示的工作表中的单元格 F4 中输入公式"=$D$4*$E$4"，按【Enter】键完成输入。

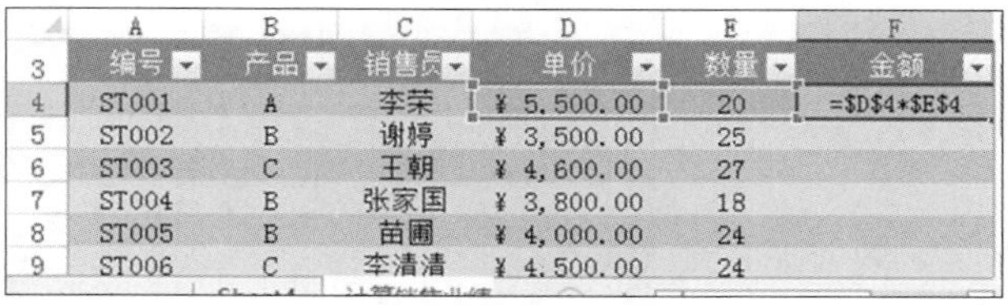

图 3-41　输入公式

将单元格 F4 中的公式复制到单元格 F5 中，会发现单元格 F5 中的公式也是"=$D$4*$E$4"，如图 3-42所示。也就是说，复制公式之后，公式中的引用保持不变。

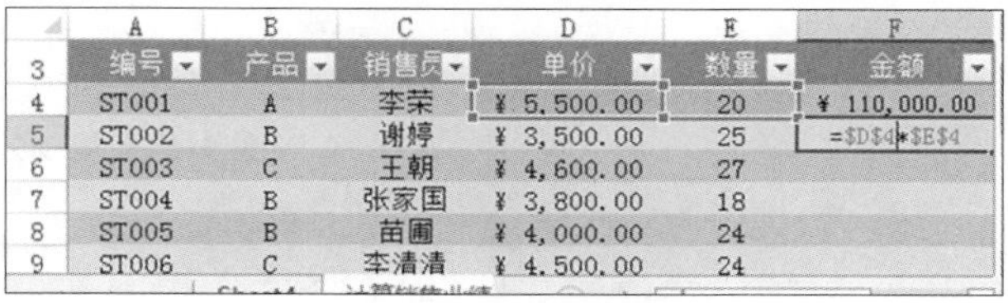

图 3-42　复制公式

请注意！　在复制公式时，公式中的绝对引用不改变，但相对引用会自动更新；移动公式时，公式中的单元格引用并不改变。

在了解了单元格引用的类型之后，可以看出，在本例中计算 11 月应缴党费，引用税率时，应使用绝对引用。

（1）按【Ctrl+`】组合键隐藏所有单元格中的公式。删除单元格区域 F6：F12 中的数据，然后双击单元格 F5，将公式修改为"=E5*$I$17"，如图 3-43 所示。

图 3-43　将相对引用改为绝对引用

（2）按【Enter】键得出计算结果。选中单元格 F5，拖动填充柄到单元格 F12，即可在其他单元格中填充计算结果，如图 3-44 所示。

（3）按【Ctrl+`】组合键显示所有单元格中的公式，如图 3-45 所示。此时可以看到，没有在前面加绝对地址符“$”的相对引用随着复制发生了变化，而绝对引用“$I$17”并未随着复制而变化。

	A	B	C	D	E	F	G	H	I
1	2018年第四季度党费收缴明细表								
2	单位（盖章）：						经手人：		
3	序号	姓名	10月		11月		12月		合计
4			工资	党费	工资	党费	工资	党费	
5	1	A	¥ 5,000.00	¥ 50.00	¥5,000.00	¥50.00	¥5,200.00	¥ 78.00	¥ 178.00
6	2	B	¥ 4,800.00		¥4,800.00	¥48.00	¥5,000.00		¥ 48.00
7	3	C	¥ 4,800.00		¥4,800.00	¥48.00	¥5,000.00		¥ 48.00
8	4	D	¥ 3,200.00		¥3,200.00	¥32.00	¥3,600.00		¥ 32.00
9	5	E	¥ 2,800.00		¥3,200.00	¥32.00	¥3,200.00		¥ 32.00
10	6	F	¥ 4,200.00		¥4,200.00	¥42.00	¥4,500.00		¥ 42.00
11	7	G	¥ 4,500.00		¥4,500.00	¥45.00	¥4,800.00		¥ 45.00
12	8	H	¥ 3,600.00		¥4,000.00	¥40.00	¥4,000.00		¥ 40.00

图 3-44 复制公式

	D	E	F	G	
1	2018年第四季度党费收缴明细表				
2				经手人：	
3		11月		12月	
4	党费	工资	党费	工资	
5	=C5*1%	5000	=E5*$I$17	5200	=G5*I
6		4800	=E6*$I$17	5000	
7		4800	=E7*$I$17	5000	
8		3200	=E8*$I$17	3600	
9		3200	=E9*$I$17	3200	
10		4200	=E10*$I$17	4500	
11		4500	=E11*$I$17	4800	
12		4000	=E12*$I$17	4000	

图 3-45 查看公式

（4）按照第一步的操作方法计算其他月份每人应缴党费。I 列中的计算结果自动更新，如图 3-46 所示。

	A	B	C	D	E	F	G	H	I
1	2018年第四季度党费收缴明细表								
2	单位（盖章）：						经手人：		
3	序号	姓名	10月		11月		12月		合计
4			工资	党费	工资	党费	工资	党费	
5	1	A	¥ 5,000.00	¥ 50.00	¥5,000.00	¥50.00	¥5,200.00	¥ 78.00	¥ 178.00
6	2	B	¥ 4,800.00	¥ 48.00	¥4,800.00	¥48.00	¥5,000.00	¥ 50.00	¥ 146.00
7	3	C	¥ 4,800.00	¥ 48.00	¥4,800.00	¥48.00	¥5,000.00	¥ 50.00	¥ 146.00
8	4	D	¥ 3,200.00	¥ 32.00	¥3,200.00	¥32.00	¥3,600.00	¥ 36.00	¥ 100.00
9	5	E	¥ 2,800.00	¥ 14.00	¥3,200.00	¥32.00	¥3,200.00	¥ 32.00	¥ 78.00
10	6	F	¥ 4,200.00	¥ 42.00	¥4,200.00	¥42.00	¥4,500.00	¥ 45.00	¥ 129.00
11	7	G	¥ 4,500.00	¥ 45.00	¥4,500.00	¥45.00	¥4,800.00	¥ 48.00	¥ 138.00
12	8	H	¥ 3,600.00	¥ 36.00	¥4,000.00	¥40.00	¥4,000.00	¥ 40.00	¥ 116.00

图 3-46 计算结果

3．混合引用

理解了相对引用和绝对引用之后，读者有必要了解另一种常用的引用方式——混合引用。

混合引用具有绝对引用列和相对引用行，或绝对引用行和相对引用列。绝对引用列采用 $A1、$B1 等形式；绝对引用行采用 A$1、B$1 等形式。如果公式所在单元格的位置改变，则相对引用改变，而绝对引用不变。如果多行或多列地复制公式，则相对引用自动调整，而绝对引用不做调整。

例如，在单元格 K4 中输入公式“=$A3”，并将其复制到单元格区域 K5：K12，则引用将从“$A3”调整为“$A4：$A11”；如果将其复制到单元格区域 L4:N4，则引用始终保持为“$A3”，如图 3-47 所示。

	I	J	K	L	M	N
1						
2						
3	合计					
4			=$A3	=$A3	=$A3	=$A3
5	=D5+F5+H5		=$A4			
6	=D6+F6+H6		=$A5			
7	=D7+F7+H7		=$A6			
8	=D8+F8+H8		=$A7			
9	=D9+F9+H9		=$A8			
10	=D10+F10+H10		=$A9			
11	=D11+F11+H11		=$A10			
12	=D12+F12+H12		=$A11			

图 3-47　复制混合引用

教你一招：引用其他工作表中的单元格

当需要引用同一工作簿中其他工作表中的单元格时，可以在引用的单元格名称前面加上工作表名称和“！”号，工作表名称可以使用英文单引号引用，也可以省略，Excel 默认会加上单引号。

例如，“newSheet!B2:B10”表示引用同一个工作簿中名为“newSheet”的工作表中的单元格区域 B2：B10。

需要引用其他工作簿中的单元格时，除了要在引用的单元格名称前面加上工作表名称和“！”号，还要加上工作簿的名称，且名称使用英文中括号 [ ] 来引用。工作簿名称可以使用英文单引号引用，也可以省略，Excel 默认会加上单引号。

例如，“[newFile.xlsx]firstSheet!C2:C9”表示引用名为“newFile.xlsx”的工作簿中的名为“firstSheet”的工作表中的单元格区域 C2：C9。

3.3.4　使用名称简化引用

如果需要经常引用某个区域的数据，那么可以用有意义的名称来表示该区域。在公式中使用名称定义数据区域，可以使公式更清晰易懂。例如，公式“= 利润 *（100% – 税率）"要比公式"=D3*(100% – $B$11)"更容易理解。

下面以计算第四季度收缴党费的总和为例，介绍命名单元格或单元格区域的操作方法，以及应遵循的规则。

（1）在工作表中选中要定义名称的单元格区域 D5:D12，单击"公式"选项卡中的"定义的名称"组中的"定义名称"按钮，弹出如图 3-48 所示的"新建名称"对话框。

（2）"名称"文本框会自动填充列标题。当然，我们也可以自定义名称。在"范围"下拉列表中选择该名称的使用范围。"引用位置"文本框会显示选中的单元格区域。本例采用默认设置。

图 3-48 "新建名称"对话框

命名单元格时应遵循以下规则。

（1）名称的第一个字符必须是字母或下划线。名称中的字符可以是字母、数字、句号和下划线。

（2）名称不能与单元格引用相同。

（3）名称可以用下划线和句号作为分隔符，但不能含有空格。

（4）名称最多可以包含 255 个字符。

（5）名称不区分大小写。例如，如果已经创建了名称"Sales"，接着又在同一工作簿中创建了名称"SALES"，那么第二个名称将替换第一个名称。

（3）将名称修改为"十月份党费"，单击"确定"按钮完成名称的定义。单击"公式"选项卡中的"定义的名称"组中的"名称管理器"按钮，在弹出的"名称管理器"对话框中，可以看到已定义的名称，如图 3-49 所示。

接下来使用编辑栏中的名称框定义名称，这是一种更简单的定义名称的方法。

（4）选中单元格区域 F5: F12，在编辑栏左侧的名称框中输入名称"十一月党费"，按【Enter】键确认，如图 3-50 所示。使用同样的方法，将单元格区域 H5:H12 命名为"十二月党费"。

图 3-49 "名称管理器"对话框

十一月党费 | =E5*$I$17

	A	B	C	D	E	F	G	H	I
1	2018年第四季度党费收缴明细表								
2	单位（盖章）：						经手人:		
3	序号	姓名	10月		11月		12月		合计
4			工资	党费	工资	党费	工资	党费	
5	1	A	¥ 5,000.00	¥ 50.00	¥5,000.00	¥50.00	¥5,200.00	¥ 78.00	¥ 178.00
6	2	B	¥ 4,800.00	¥ 48.00	¥4,800.00	¥48.00	¥5,000.00	¥ 50.00	¥ 146.00
7	3	C	¥ 4,800.00	¥ 48.00	¥4,800.00	¥48.00	¥5,000.00	¥ 50.00	¥ 146.00
8	4	D	¥ 3,200.00	¥ 32.00	¥3,200.00	¥32.00	¥3,600.00	¥ 36.00	¥ 100.00
9	5	E	¥ 2,800.00	¥ 14.00	¥3,200.00	¥32.00	¥3,200.00	¥ 32.00	¥ 78.00
10	6	F	¥ 4,200.00	¥ 42.00	¥4,200.00	¥42.00	¥4,500.00	¥ 45.00	¥ 129.00
11	7	G	¥ 4,500.00	¥ 45.00	¥4,500.00	¥45.00	¥4,800.00	¥ 48.00	¥ 138.00
12	8	H	¥ 3,600.00	¥ 36.00	¥4,000.00	¥40.00	¥4,000.00	¥ 40.00	¥ 116.00

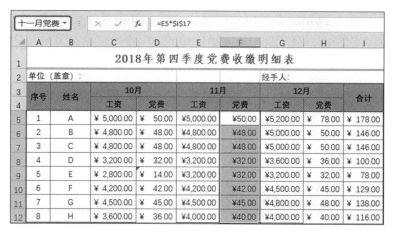

图 3-50　命名单元格区域 F5：F12

接下来计算第四季度应收党费的总额。

（5）在单元格 H13 中输入“总计”，在单元格 I13 中输入公式“=SUM(十月份党费)+SUM(十一月党费)+SUM(十二月党费)”，如图 3-51 所示。

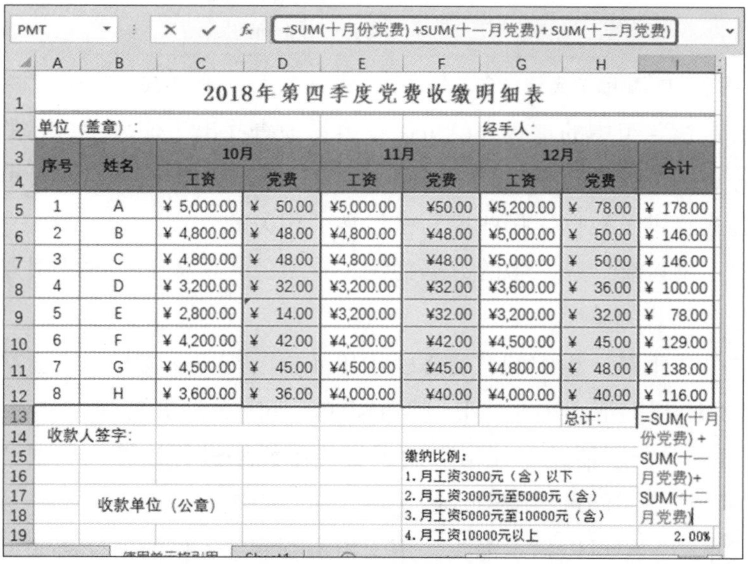

PMT | =SUM(十月份党费) +SUM(十一月党费)+ SUM(十二月党费)

	A	B	C	D	E	F	G	H	I
1	2018年第四季度党费收缴明细表								
2	单位（盖章）：						经手人:		
3	序号	姓名	10月		11月		12月		合计
4			工资	党费	工资	党费	工资	党费	
5	1	A	¥ 5,000.00	¥ 50.00	¥5,000.00	¥50.00	¥5,200.00	¥ 78.00	¥ 178.00
6	2	B	¥ 4,800.00	¥ 48.00	¥4,800.00	¥48.00	¥5,000.00	¥ 50.00	¥ 146.00
7	3	C	¥ 4,800.00	¥ 48.00	¥4,800.00	¥48.00	¥5,000.00	¥ 50.00	¥ 146.00
8	4	D	¥ 3,200.00	¥ 32.00	¥3,200.00	¥32.00	¥3,600.00	¥ 36.00	¥ 100.00
9	5	E	¥ 2,800.00	¥ 14.00	¥3,200.00	¥32.00	¥3,200.00	¥ 32.00	¥ 78.00
10	6	F	¥ 4,200.00	¥ 42.00	¥4,200.00	¥42.00	¥4,500.00	¥ 45.00	¥ 129.00
11	7	G	¥ 4,500.00	¥ 45.00	¥4,500.00	¥45.00	¥4,800.00	¥ 48.00	¥ 138.00
12	8	H	¥ 3,600.00	¥ 36.00	¥4,000.00	¥40.00	¥4,000.00	¥ 40.00	¥ 116.00
13								总计:	=SUM(十月份党费) + SUM(十一月党费)+ SUM(十二月党费)
14	收款人签字:								
15						缴纳比例:			
16						1. 月工资3000元（含）以下			
17		收款单位（公章）				2. 月工资3000元至5000元（含）			
18						3. 月工资5000元至10000元（含）			
19						4. 月工资10000元以上			2.00%

图 3-51　使用名称计算数据

（6）按【Enter】键，即可分别对各个月的党费进行求和运算，再进行相加运算，即可得出第四季度应收党费的总额。

如果不再需要某个区域的命名，可以执行以下操作。

（1）单击“公式”选项卡中的“定义的名称”组中的“名称管理器”按钮，弹出“名称管理器”对话框。

（2）在名称列表中选中要删除的名称（如“十二月党费”），然后单击“删除”按钮，如图 3-52 所示。

（3）单击"确定"按钮，即可删除命名。此时，选中单元格区域 H5：H12，名称框不再显示刚才的名称，而是显示选中单元格区域的第一个单元格的地址"H5"。

3.3.5　审核计算结果

在包含大量计算公式的数据表中，逐项检查公式是一件很麻烦的事情。Excel 在"公式"选项卡中的"公式审核"组中提供了公式审核工具，如图 3-53 所示。

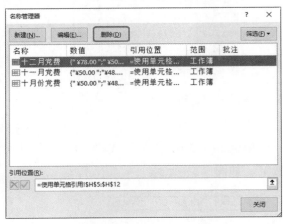

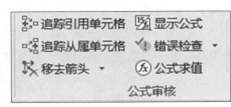

图 3-52　删除单元格命名　　　　　　　　　图 3-53　"公式审核"组

使用"公式审核"组中的工具，就可以很容易地查找出工作表中含有的公式与单元格之间的关系，并且能很快地查找出其中的错误所在。在使用审核工具时，追踪箭头将指明哪些单元格为公式提供了数据，哪些单元格包含了相关的公式。

下面以审核"销售统计表"中的数据为例，介绍公式审核工具的使用方法。

（1）单击包含公式的单元格 E5。

（2）单击"公式审核"组中的"追踪引用单元格"按钮，将显示由直接为其提供数据的单元格 D5 和 B11 指向活动单元格 E5 的追踪线，如图 3-54 所示。

从图 3-54 可以看出，活动单元格引用了哪些单元格进行计算。单击"公式审核"组中的"删除箭头"按钮，即可隐藏追踪箭头。

使用"公式审核"组可以显示箭头，用于指示哪些单元格的值受活动单元格的影响。

（3）单击要追踪数据的单元格 B11。

（4）单击"公式审核"组中的"追踪从属单元格"按钮，将显示由活动单元格指向受其影响的单元格的追踪线，如图 3-55 所示。

　　　　双击追踪箭头可以选定该箭头另一端的单元格；按【Ctrl+]】组合键可以定位到所选单元格的引用单元格。

接下来检查单元格中的错误。

（5）在单元格 D10 中输入公式"＝销售额"，按【Enter】键，单元格中将出现一个错

图 3-54　追踪引用单元格

图 3-55　追踪从属单元格

误值 "#VALUE!"，单元格的左上角会出现绿色的三角形按钮，如图 3-56 所示。

（6）选中单元格 D10，单击 "公式审核" 组中的 "错误检查" 按钮右方的下拉按钮，在弹出的下拉菜单中选择 "追踪错误" 选项，将显示哪些单元格导致当前所选单元格出现了错误值，如图 3-57 所示。

图 3-56　显示错误值

图 3-57　追踪错误

　　　按【Ctrl+[】组合键也可定位到所选单元格的引用单元格。

（7）单击 "公式审核" 组中的 "错误检查" 按钮，弹出如图 3-58 所示的 "错误检查" 对话框。

该对话框中会显示单元格中出错的公式，以及出错的原因 "公式中所用的某个值是错误的数据类型"。

图 3-58　"错误检查" 对话框

单击"错误检查"对话框中的"选项"按钮，弹出"Excel 选项"对话框，即可更改与公式计算、性能和错误处理相关的选项。

（8）在工作表中修改错误后，单击"错误检查"对话框中的"继续"按钮，对话框中的其他按钮变为可用状态。

（9）单击"错误检查"对话框中的"关于此错误的帮助"按钮，此时会弹出一个网页，该网页将显示出现错误值"#VALUE！"的原因及解决方法，如图 3-59 所示。

图 3-59　帮助页面

（10）单击"显示计算步骤"按钮，弹出"公式求值"对话框，显示引用的单元格以及求值公式，如图 3-60 所示。单击"步出"按钮，对引用的单元格进行求值，结果以斜体显示。

图 3-60　"公式求值"对话框

（11）单击"忽略错误"按钮，将返回工作表，自动忽略单元格中的错误值。此时再单击"公式审核"组中的"错误检查"按钮，就不会再检查出错误了。

教你一招： 公式中常见的错误值

使用公式和函数计算数据时，如果存在语法错误，那么单元格中显示的将不是计算结果，而是表 3-3 所示的错误提示。

表 3-3　错误提示及产生错误的原因

错误提示	产生错误原因
#DIV/0!	在公式中的分母位置使用了零值
#N/A	当前输入的参数不可用，导致公式或函数找不到有效参数
#NAME	Excel 无法识别公式或函数中的文本
#NULL!	公式或函数中出现了两个不相交的区域的交点
#NUM!	在函数或公式中使用了错误的数值表达式
#REF!	当单元格引用无效时，会出现此错误
#VALUE!	在函数或公式中输入了不能运算的参数或单元格里的内容包含不能运算的对象

3.4　使用函数计算数据——分期付款计算器

在 Excel 中，函数就是系统预定义的公式，通过使用一些被称为参数的特定数值来按特定的顺序或结构执行简单或复杂的计算。使用函数可以加快录入和计算速度，并减少错误的发生。如果现有的函数不能满足计算需要，还可以使用 Visual Basic 自定义函数。

此外，Excel 2019 新增了一些功能强大的函数：多条件判断函数 IFS、MAXIFS、MINIFS，在设定条件很多时，不需要层层嵌套，就可以很直观地表达条件和结果；多列合并函数 CONCAT；多区域合并函数 TEXTJOIN 等。对经常处理庞大数据的用户来说，运用这些函数能极大地提高办公效率。

本节以制作一个简单的分期付款计算器为例，介绍函数的基本结构，以及使用函数进行数据计算的方法。

3.4.1　了解函数的分类与结构

函数按照特定的顺序对参数进行计算。参数是运用函数进行计算时必备的初始值，它可以是数字、文本、逻辑值或者单元格的引用，也可是常量公式或其他函数。每个函数都有它需要的参数类型。

下面以插入函数计算每期还款额为例，介绍函数的分类与结构。

（1）打开工作表"分期付款计算器"，选中单元格 E3，在编辑栏左侧的名称框中输入

"Loan_Amount"，然后按下【Enter】键，如图 3-61 所示。

（2）选中单元格 E4，在名称框中输入 "Interest_Rate"；使用同样的方法，将单元格 E5 命名为 "Loan_Years"，将单元格 E6 命名为 "Periods"，如图 3-62 所示。

图 3-61　为单元格 E3 输入单元格名称

图 3-62　为单元格 E6 输入单元格名称

接下来使用"插入函数"对话框插入函数。

（3）选中单元格 C11，按快捷键【Shift+F3】，或单击"公式"选项卡中的"函数库"组中的"插入函数"按钮 *fx*，弹出如图 3-63 所示的"插入函数"对话框。

该对话框有助于用户尤其是初学者了解函数结构并正确设置函数参数。

（4）单击"选择类别"右方的下拉按钮，在弹出的下拉列表中可以查看 Excel 2019 中的所有函数分类，如图 3-64 所示。

图 3-63　"插入函数"对话框

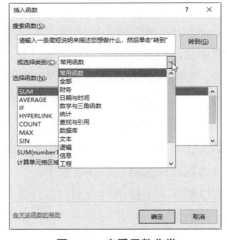

图 3-64　查看函数分类

Excel 按功能对函数进行分类，如表 3-4 所示。

表 3-4　Excel 中按功能进行分类的函数

分类	功能简介
财务	进行一般的财务计算
日期与时间	分析和处理日期值与时间值

（续表）

分类	功能简介
数学与三角	进行数学计算
统计	对数据区域进行统计分析
查找与引用	在数据清单中查找特定数据或者单元格引用
数据库	分析数据清单中的数值是否符合特定条件
文本	处理字符串
逻辑	进行逻辑判断或者进行复合检验
信息	确定存储在单元格中的数据的类型
工程	用于工程分析
多维数据集	用于处理由维度和度量值的集合定义的多维数组
兼容性	用于与 Excel 早期版本兼容
Web	用于返回 Intranet 或 Internet 上的特定数据

（5）在"选择类别"下拉列表中选择"财务"选项，然后在"选择函数"列表框中选择"PMT"选项，对话框底部将显示该函数的语法和说明，如图 3-65 所示。

图 3-65　查看函数语法和说明

教你一招： **快速查找函数**

　　如果不太了解或者不会使用需要使用的函数，则可以在"插入函数"对话框上方的"搜索函数"文本框中输入自然语言，例如"等额分期"，然后单击"转到"按钮，对话框将返回一个用于完成该任务的推荐函数列表，如图 3-66 所示。

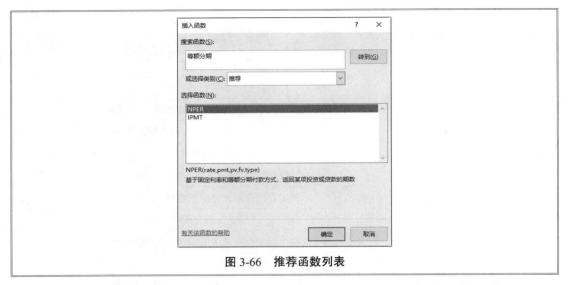

图 3-66 推荐函数列表

（6）单击"确定"按钮，弹出"函数参数"对话框。单击参数文本框右侧的 按钮，在工作表中选择要计算的数据区域或直接输入参数值，如图 3-67 所示。由于还没有输入计算数据，因此第一个参数报错。

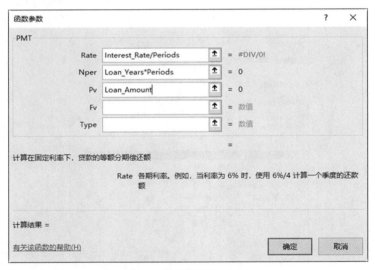

图 3-67 设置函数参数

PMT 函数基于固定利率及等额分期付款方式，计算贷款的每期付款额。其语法如下：

PMT(rate, nper, pv, fv, type)

其中，rate 为各期利率，本例中要计算每期还款，应以年利率除以每年分期数；nper 为总贷款期，为贷款年限与每年还款期数的乘积；pv 为现值，或一系列未来付款的当前值的累积和，在本例中为贷款总额；fv 为未来值，或在最后一次付款后希望得到的现金余额，如果省略 fv，则假设其值为 0，也就是一笔贷款的未来值为 0；type 用来指定各期的付款时间是在期初还是期末，type 为 0 或省略时表示期末，为 1 时表示期初。

（7）单击"确定"按钮，即可输入函数，并计算结果，如图 3-68 所示。

=PMT(Interest_Rate/Periods,Loan_Years*Periods,Loan_Amount)

图 3-68 插入的函数

从图 3-68 可以看出，函数以等号"="开始，后面紧跟函数名称和左括号，然后以逗号分隔输入参数，最后是右括号。

参数可以是数字、文本、逻辑值、数组、错误值（如 #N/A）或单元格引用，也可以是常量、公式或其他函数，指定的参数必须为有效参数值。

教你一招： 函数中常用的参数对象

在输入函数公式时，除了一部分不带参数的函数外，大部分函数都需要输入一定数量的参数，在函数中常用以下六类对象作为参数。

（1）使用名称作为参数，例如，"=SUMIF(销售 !\$B\$3:\$B\$50,B3,销售 !\$D\$3:\$D\$100)"。

（2）使用整行或整列作为参数。例如，"=SUM(B:B)"表示对 B 列进行求和。整行或整列引用在计算一定范围的变化总和方面特别有用。

（3）使用数值作为参数。例如，函数公式"=SQRT(225)"就是使用数值作为参数，表示求 225 的平方根。

（4）使用表达式作为参数。例如，函数公式"=SQRT((A1^2)+(A2^3))"使用表达式 (A1^2)+(A2^3) 作为参数，表示计算表达式 (A1^2)+(A2^3) 的计算结果的平方根。

（5）使用其他函数作为参数。例如，函数公式"=SIN(RADIANS(A1))"表示先将单元格 A1 中的数据从角度值转换为弧度值，再计算其正弦值。

（6）使用数组作为参数。例如，函数公式"=OR(B3={1,20,22,25})"就是以数组作为参数，表示如果 B3 单元格的内容是 1、20、22 和 25 中的任意数字，则计算结果为 TRUE，否则返回 FALSE。

（8）在工作表中输入贷款总额、年利率、贷款期限和每年还款期数，即可得出计算结果，如图 3-69 所示。

3.4.2 使用 IPMT 函数计算利息

IPMT 函数基于固定利率及等额分期付款方式，计算投资或贷款在某一给定期限内的利息偿还额。语法如下：

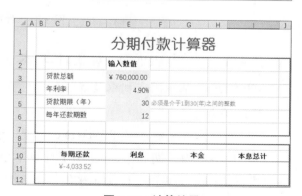

图 3-69 计算结果

IPMT(rate，per，nper，pv，fv，type)

其中，参数 rate 为各期利率；per 用于计算利息的期数（1 到 nper 之间），nper 为总投资期，pv 为现值，是一系列未来付款的当前值的累积和；fv 为未来值，是最后一次付款后可以获得的现金余额，如果省略，则假设其值为零；type 指定各期的付款时间是在期初（值为 1）还是期末（值为 0）。

（1）选中单元格 E11，在单元格或编辑栏中输入函数 "=IPMT(Interest_Rate/Periods,12/Periods,Loan_Years*Periods,-Loan_Amount,1)"。输入函数时，Excel 会显示一个带有语法和参数的工具提示，如图 3-70 所示。

工具提示只在使用内置函数时出现。

（2）按【Enter】键或单击编辑栏中的 "输入" 按钮，得出计算结果，如图 3-71 所示。

图 3-70　输入公式

图 3-71　计算结果

3.4.3　使用 PPMT 函数计算本金

PPMT 函数基于固定利率及等额分期付款方式，计算在某一给定期间内的本金偿还额。语法如下：

PPMT(rate，per，nper，pv，fv，type)

其中，rate 为各期利率；per 用于计算本金数额的期数（介于 1 到 nper 之间）；nper 为总投资期；pv 为现值；fv 为未来值；type 指定各期的付款时间是在期初还是期末，1 为期初，0 为期末。

（1）选中单元格 E11，在单元格或编辑栏中输入函数"=PPMT(Interest_Rate/Periods,12/Periods,Loan_Years*Periods,-Loan_Amount,1)"。输入函数时，Excel 会显示一个带有语法和参数的工具提示，如图 3-72 所示。

（2）按【Enter】键或单击编辑栏上的"输入"按钮，得出计算结果，如图 3-73 所示。

图 3-72　输入公式

图 3-73　计算结果

接下来使用公式计算等额本息还款方式下的还款总和。

（3）选中单元格 I11，在单元格或编辑栏中输入公式"=C11*Periods*Loan_Years"，按【Enter】键或单击编辑栏中的"输入"按钮，得出计算结果，如图 3-74 所示。

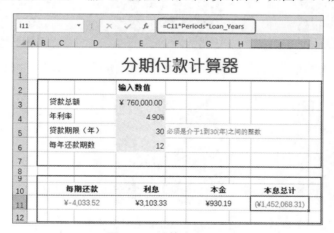

图 3-74　计算本息总和

3.1.1　按比例查看　　　　　3.1.2　多窗口查看　　　　　3.1.3　冻结行列标题查看

3.2.1　按关键字排序　　　　3.2.2　按颜色排序　　　　　3.2.3　自定义序列排序

3.2.4　添加批注　　　　　　3.3.1　认识公式的组成　　　3.3.2　复制计算公式

3.3.3　使用单元格引用　　　3.3.4　使用名称简化引用　　3.4.1　了解函数的分类与结构

3.4.2　使用 IPMT 函数计算利息　　3.4.3　使用 PPMT 函数计算本金

第4章 使用图表展示数据

图表能将工作表中的数据用图形表示出来，体现出数据的大小和变化趋势，使数据易于阅读和评价。与工作表相比，它能够更加直观、形象地反映数据的趋势和对比关系。

4.1 认识图表——插入项目支出对比图

本节以创建项目支出对比图表为例，介绍创建图表的方法，以及图表的组成要素和类型。

4.1.1 创建图表

在 Excel 中创建图表很简单，下面以图 4-1 所示的项目支出分析表为数据源，介绍创建图表的方法。

（1）选择数据。选择图表要包含的数据，选择数据单元格 B3：G9。

（2）单击"插入"选项卡中的"图表"组中的一个图表按钮，在弹出的下拉菜单中选择子图表类型，如"三维簇状柱形图"。将鼠标指针移到某一种图表类型上时，工作表将显示图表预览，如图 4-2 所示。

如果不知道选择什么类型的图表，可以单击"推荐的图表"按钮，在弹出的"插入图表"对话框中选择需要的图表类型。

 提示　　Excel 默认的图表类型为柱形图，如果不做修改，那么可以选中要绘制图标的数据，然后按下【F11】键，即可快速创建柱形图。

月份	项目A	项目B	项目C	项目D	项目E	支出总和
下半年项目支出分析表						
7月	345	456	248	679	498	2226
8月	698	608	389	789	668	3152
9月	580	578	505	590	598	2851
10月	540	680	480	660	630	2990
11月	680	786	520	620	580	3186
12月	450	590	498	748	649	2935
总计	3293	3698	2640	4086	3623	17340

图 4-1　示例工作表

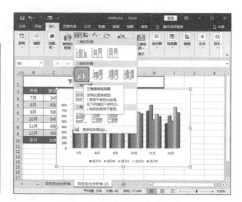

图 4-2　选择图表类型

4.1.2　图表结构与类型

在学习如何编辑图表之前，读者有必要对图表的结构、相关术语和类型有一个大致的了解。

- 数据标志：图表中的条形、面积、圆点、扇面或其他符号，代表单个数据点或值，如图 4-2 中的每个不同颜色的柱形。
- 数据系列：源自数据表的行或列的相关数据点，具有相同样式的数据标志代表一个数据系列。图表中的每个数据系列具有唯一的颜色或图案，并且在图表的图例中显示。例如，图 4-2 中的图表有 5 个数据系列，分别代表五个项目的支出。
- 将鼠标指针移到某个数据标志上，会显示该数据标志所属的数据系列、代表的数据点及对应的值，如图 4-3 所示。
- 图例：图例是一个方框，通常位于图表底部，用于标识数据系列的图案或颜色，如图 4-4 所示。

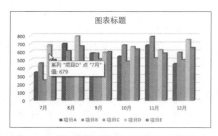

图 4-3　显示数据标志的值及有关信息　　　　图 4-4　图例

单击"插入"选项卡中的"图表"组右下角的扩展按钮，弹出"插入图表"对话框。在"所有图表"选项卡中，可以看到 Excel 2019 提供了丰富的图表类型，每种图表类型又有多种子类型，如图 4-5 所示。

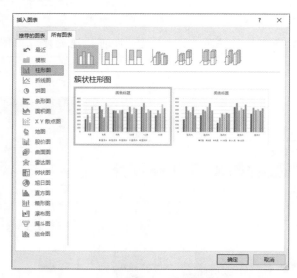

图 4-5　"插入图表"对话框

❑ 柱形图：通常沿水平轴（即 X 轴）组织类别，沿垂直轴（即 Y 轴）组织数值，显示一段时间内数据的变化，或者描述各项数据之间的差异；堆积柱形图用来展示各项与整体的关系；三维柱形图可以沿两条坐标轴对数据点进行比较。

❑ 折线图：类别沿水平轴均匀分布，数值沿垂直轴均匀分布，以等间隔显示数据的变化趋势。

❑ 饼图：以圆心角不同的扇形显示某一数据系列中每一项数值与总和的比例关系。

❑ 条形图：显示特定时间内各项数据的变化情况，或者比较各项数据之间的差别。类别通常显示在垂直轴上，数值显示在水平轴上，以突出数值的比较。

❑ 面积图：强调幅度随时间的变化量。类别通常显示在水平轴上，数值显示在垂直轴上。

❑ XY 散点图：沿水平轴方向显示一组数值，沿垂直轴方向显示另一组数值。多用于科学数据，显示和比较数值。

❑ 地图：这是 Excel 2019 新增的一种图表类型，它将数据和地图结合起来，通过在地图上标以深浅不同的颜色，分析和展示与地理位置有关的数据。地区是表现、对比跨区域数据的最佳方式，目前可以实现省一级地理位置识别。

❑ 股价图：描述股票价格走势，也可以用于科学数据。

❑ 曲面图：常用于寻找两组数据之间的最佳组合。

❑ 雷达图：用于比较若干数据系列的总和。

❑ 树状图：按数值的大小比例进行划分，且显示不同的色彩。

❑ 旭日图：也称为太阳图，可以清晰表达层级和归属关系，便于进行细分溯源分析。

❑ 直方图：使用方块（又称"箱"）代表各个数据区间内的数据分布情况，常用于分析数据分布比重和分布频率。

❑ 箱形图：一种有效展示数据分布情况的图表，可以很方便地一次看到一批数据的最大值、3/4 四分值、1/2 四分值、1/4 四分值、最小值和离散值。

❑ 瀑布图：采用绝对值与相对值相结合的方式，展示多个特定数值之间的数量变化关系，适用于分析财务数据。

❑ 组合图：将两个或两个以上的数据系列用不同类型的图表显示。

❑ 漏斗图：又称三角图，它是 Excel 2019 新增的一种图表类型，由堆积条形图演变而来，适用于对流程比较规范、周期长、环节多的业务各个流程的数据进行对比，能直观地说明问题所在。

4.2　编辑图表——修改项目支出对比图

创建图表之后，为了获得满意的效果，通常还需要对图表进行修改，使其更加完善。本节将以编辑项目支出对比图为例，讲解编辑图表的方法。

4.2.1 添加、编辑数据系列

创建图表后，用户可以随时根据需要对图表中的文字数据进行添加、更改和删除等操作。

（1）右击图表，在弹出的快捷菜单中选择"选择数据"选项，弹出如图 4-6 所示的"选择数据源"对话框。

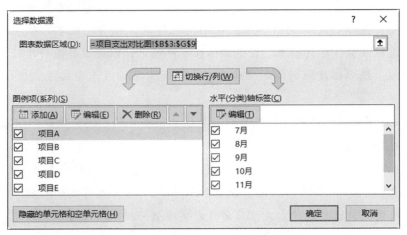

图 4-6 "选择数据源"对话框

（2）在"图例项（系列）"列表框中选中"项目 C"选项，然后单击"删除"按钮，即可在图表中删除项目 C 的数据，如图 4-7 所示。

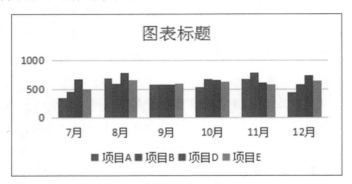

图 4-7 删除一个数据系列后的效果

接下来在图表中添加一个数据系列。

（3）单击"添加"按钮，弹出"编辑数据系列"对话框。单击"系列名称"文本框右侧的"选择"按钮，对话框将折叠，在工作表中单击单元格 E3，然后单击文本框右侧的"还原"按钮；单击"系列值"文本框右侧的"选择"按钮，在工作表中选择单元格区域 E4：E9，如图 4-8 所示。

图 4-8 "编辑数据系列"对话框

（4）单击"确定"按钮。此时，"选择数据源"对话框的"图例项（系列）"列表框中将显示刚才添加的数据系列，如图 4-9 所示。

图 4-9　添加的数据系列

从图 4-9 可以看到，添加的数据系列的水平（分类）轴标签默认以序号标识，接下来编辑水平（分类）轴标签。

（5）单击"水平（分类）轴标签"下方的"编辑"按钮，弹出"轴标签"对话框，单击"选择"按钮↑，然后在工作表中选择单元格区域 B4：B9，如图 4-10 所示。

图 4-10　"轴标签"对话框

（6）单击"确定"按钮，关闭对话框，返回"选择数据源"对话框。可以看到，水平轴标签已修改为指定的数据项，如图 4-11 所示。

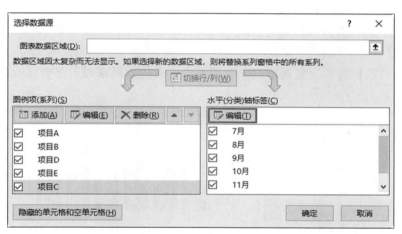

图 4-11　"选择数据源"对话框

（7）单击"确定"按钮，关闭对话框。

教你一招：　粘贴数据到图表中

在图表中添加数据还有一种更简便的方法，即复制工作表中的数据并粘贴到图表之中。具体操作如下。

（1）选择含有要添加到图表中的数据的单元格区域，单击快速访问工具栏中的"复制"按钮。

（2）选中要添加数据的图表，单击快速访问工具栏中的"粘贴"按钮。

Excel 自动将数据粘贴到图表中。如果想要自定义数据的添加方式，即可以单击"开始"选项卡中的"剪贴板"组中"粘贴"按钮下方的下拉按钮，在弹出的下拉菜单中选择"选择性粘贴"选项，弹出"选择性粘贴"对话框（见图 4-12），然后选择所需的选项。

图 4-12　"选择性粘贴"对话框

4.2.2　添加数据标签

在默认情况下，图表不显示数据标签。在实际应用中，显示数据标签可以使图表中的数据更直观。

（1）选中图表，图表右侧将显示三个按钮，单击最上方的"图表元素"按钮，弹出如图 4-13 所示的"图表元素"列表。

（2）选中"数据标签"复选框，此时图表中所有的数据系列上都会显示数据标签，如图 4-14 所示。

图 4-13　图表元素列表

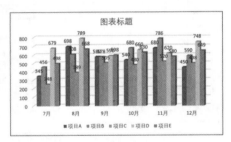

图 4-14　显示数据标签

如果只选中一个数据系列，如单击图表中的黄色数据系列，则只在指定的数据系列上显示数据标签。如果单击"数据标签"右侧的级联按钮，并选择"数据标注"选项，则在指定数据系列上显示数据标注，如图 4-15 所示。

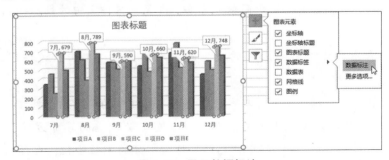

图 4-15　显示数据标注

4.2.3　调整图表的大小和位置

为了使页面整齐美观，通常还要调整图表的大小和位置。

（1）选中图表，图表四周会出现 8 个控制手柄。

（2）将鼠标指针移至控制手柄上，当鼠标指针变为双向箭头时，按住鼠标左键并拖动，即可调整图表的大小，如图 4-16 所示。

（3）将鼠标指针移到图表区或图表边框上，当鼠标指针变为四向箭头时，按住左键并拖动，即可移动图表，如图 4-17 所示。

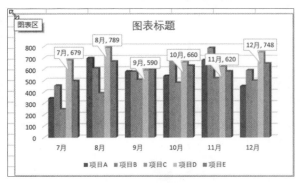

图 4-16　调整图表的大小

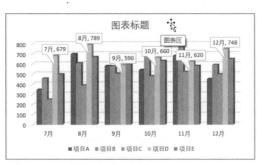

图 4-17　移动图表

教你一招：　将图表移动到其他工作表中

Excel 提供了移动图表的功能，不仅可以在同一个工作表中调整图表的位置，还可以将图表移动到其他工作表中。

（1）右击图表区，在弹出的快捷菜单中选择"移动图表"选项。

（2）在弹出的"移动图表"对话框中选中"新工作表"单选按钮，如图 4-18 所示。

（3）单击"确定"按钮，关闭对话框，Excel 将自动新建一个指定名称的工作表（如

图 4-18　"移动图表"对话框

"Chart1"），并将图表移动到此工作表中。此时，图表原来所在的工作表中便看不到图表了。

4.2.4　更改图表类型

选择图表类型很重要，合适的图表能最充分地展现数据，有助于更清晰地反映数据的差异和变化。

（1）右击图表区，在弹出的快捷菜单中选择"更改图表类型"选项，弹出如图 4-19 所示的"更改图表类型"对话框。

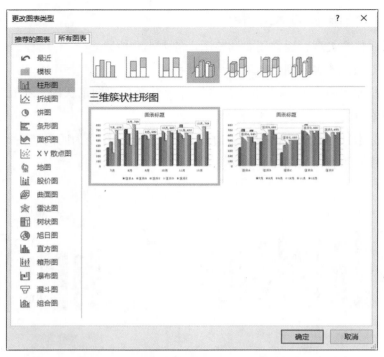

图 4-19　"更改图表类型"对话框

（2）选择需要的图表类型。

（3）单击"确定"按钮，即可完成更改。

4.3　设置图表格式——美化项目支出对比图

选中图表，在图表右侧会显示三个按钮（见图 4-20），这三个图标分别是"图表元素""图表样式"和"图表筛选器"按钮。利用"图表元素"按钮和"图表样式"按钮，可以很便捷地设置图表元素的格式。

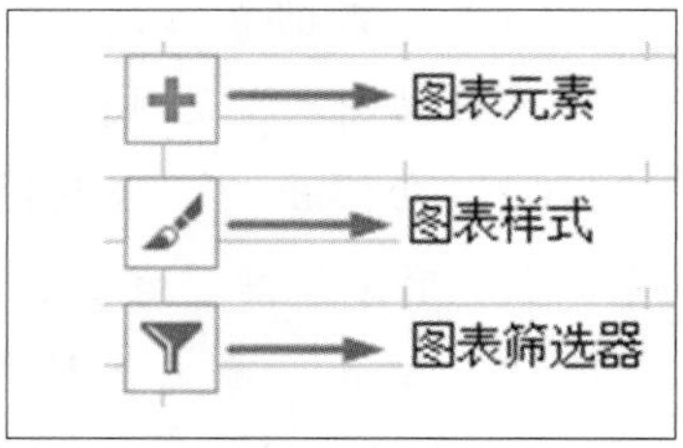

4.3.1　设置图表样式

选中图表，在功能区可以看到"图表工具"设计选

图 4-20　设置图表格式的快捷按钮

项卡和"图表工具 / 格式"选项卡利用这两个选项卡可以快速设置图表样式。

（1）选中图表，单击"图表工具/设计"选项卡中的"图表样式"组中的"图表样式"列表框右方的下拉按钮，弹出 Excel 内置图表样式列表，如图 4-21 所示。

（2）单击需要使用的图表样式，即可应用该样式。例如，应用了"样式 11"的图表效果如图 4-22 所示。

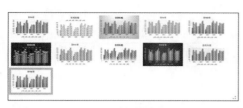

图 4-21 图表样式列表

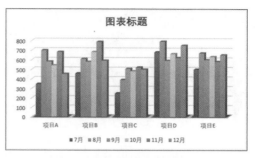

图 4-22 应用图表样式后的效果

（3）单击"图表工具/设计"选项卡"更改颜色"中的按钮，在弹出的配色方案列表中可以设置数据系列的配色，如图 4-23 所示。

4.3.2 设置图表区格式

（1）双击图表的空白区域，弹出"设置图表区格式"任务窗格，如图 4-24 所示。

（2）在"填充"区域可以设置图表背景的填充样式。选中"图片或纹理填充"单选按钮，然后单击"文件"按钮，在弹出的"插入图片"对话框中选择需要使用的背景图片。单击"插入"按钮，设置图表背景后的效果如图 4-25 所示。

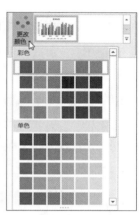

图 4-23 配色方案列表

图 4-24 "设置图表区格式"面板

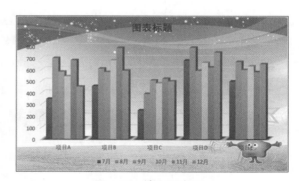

图 4-25 填充图表区

（3）展开"边框"选项，设置边框样式为"实线"，颜色为蓝色，宽度为 1.5 磅，效果如图 4-26 所示。

（4）切换到"文本选项"选项卡，设置文本填充颜色为黑色，然后修改图表标题为"下半年项目支出对比图"。选中图表标题，在"开始"选项卡中的"字体"组中设置字体为华文新魏，字号为 18，填充色为深红色，效果如图 4-27 所示。

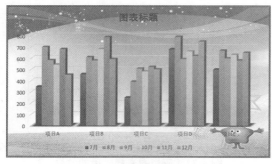

图 4-26　设置图表边框效果

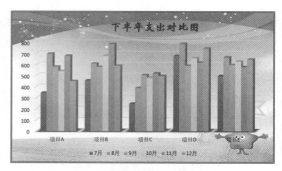

图 4-27　设置文本选项后的效果

4.3.3　设置绘图区格式

绘图区显示数据序列、坐标轴标签和网格线。

（1）右击绘图区，在弹出的快捷菜单中选择"设置绘图区格式"选项，弹出如图 4-28 所示的"设置绘图区格式"任务窗格。

（2）在"填充"选项中，设置填充色为白色；展开"边框"选项，设置边框颜色为浅蓝色，粗细为 1 磅，效果如图 4-29 所示。

图 4-28　"设置绘图区格式"面板

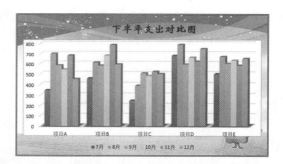

图 4-29　设置绘图区填充色和边框色效果

（3）单击"绘图区选项"右方的下拉按钮，在弹出的下拉菜单中选择"主要网格线"选项。设置线条颜色为深绿，宽度为 0.25 磅，此时的图表效果如图 4-30 所示。

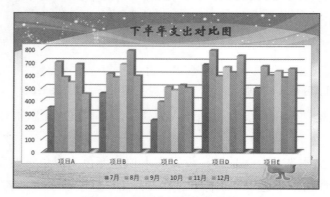

图 4-30　设置主要网格线的效果

4.3.4　修改数据系列样式

为了使图表更加美观，可以修改默认的数据系列格式。

（1）右击要修改的数据系列（如 9 月），在弹出的快捷菜单中选择"设置数据系列格式"选项，弹出"设置数据系列格式"任务窗格，在"柱体形状"列表中选中"圆柱形"单选按钮，如图 4-31 所示。

（2）单击任务窗格顶部的"填充与线条"按钮，在"填充"列表中选中"图案填充"单选按钮，然后在"图案"列表中选择需要使用的图案，并设置图案的前景色和背景色，如图 4-32 所示。

此时的图表效果如图 4-33 所示。

图 4-31　"设置数据系列格式"任务窗格

图 4-32　设置填充图案

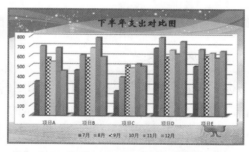

图 4-33　修改数据系列样式后的图表效果

（3）用同样的方法修改其他数据系列的样式，效果如图 4-34 所示。

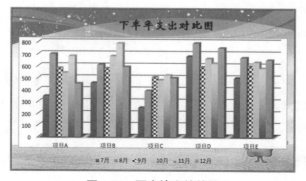

图 4-34　图案填充的效果

4.3.5 设置数据标签格式

如果默认的数据标签不能满足设计需要，那么用户也可以自定义数据标签的格式。下面自定义数据系列"9 月"的数据标签格式。

（1）单击图表中"9 月"的一个数据标志，选中数据系列"9 月"。

（2）单击图表右方出现的"图表元素"按钮，弹出"图表元素"列表。单击"数据标签"右侧的级联按钮 ▶，在弹出的子菜单中选择"更多选项"选项，弹出如图 4-35 所示的"设置数据标签格式"任务窗格。

在这里，可以设置数据标签的填充和边框样式、效果、大小、对齐属性、标签选项以及数字格式。

（3）在"标签选项"列表中，选中"纯色填充"单选按钮，将填充色设置为淡黄色；选中"实线"单选按钮，设置边框颜色为深灰色。切换到"文本选项"选项卡，选中"纯色填充"单选按钮，填充色为黑色。最终效果如图 4-36 所示。

图 4-35 "设置数据标签格式"面板

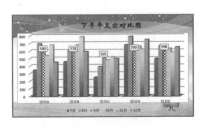

图 4-36 设置数据标签格式

4.3.6 设置图例格式

图例用于标识图表中的数据系列或者分类指定的图案或颜色。

（1）双击图表中的图例，弹出如图 4-37 所示的"设置图例格式"对话框。

在这里可以设置图例的填充、边框、效果以及图例位置。

（2）在"图例选项"列表中，设置填充样式为"纯色填充"，颜色为淡黄色；边框样式为"实线"，颜色为深灰色。切换到"文本选项"选项卡，设置文本填充颜色为黑色。最终效果如图 4-38 所示。

图 4-37 "设置图例格式"面板

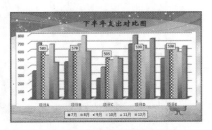

图 4-38 设置图例边框效果

（3）根据需要，调整图表区和绘图区的大小、位置。最终效果如图 4-39 所示。

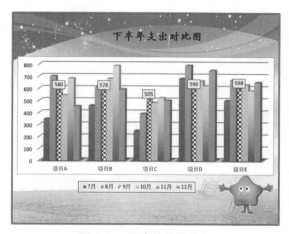

图 4-39　图表的最终效果

4.4　使用图表分析数据——股价走势图

在统计一些特殊的数据时会用到趋势线和误差线。趋势线以图形的方式表示数据系列的趋势，用于有关问题的预测研究。误差线显示潜在的误差或相对于系列中每个数据标志的不确定程度，通常用于统计或科学数据。

本节将以制作股价走势图为例，介绍使用趋势线和误差线分析图表数据的方法。

4.4.1　添加趋势线

趋势线利用图表所具有的功能对数据进行检测，然后以此为基础绘制一条趋势线，从而达到对以后的数据进行检测的目的。在图表中添加趋势线能够非常直观地展示数据的变化趋势。

首先创建股价图。

（1）打开工作表"股价走势图"，选中单元格区域 C2：G7，如图 4-40 所示。

	股价走势图				
	周一	周二	周三	周四	周五
成交量	35000	40000	21500	87600	10890
开盘价	4.5	5.1	4.2	7.5	6.7
最高价	7.6	5.5	7.8	7.2	7.5
最低价	2.4	3.2	6.7	6.5	5.6
收盘价	5.1	4.2	7.5	6.7	5.8

图 4-40　选中单元格区域

（2）单击"插入"选项卡中的"图表"组右下角的扩展按钮 ，弹出"插入图表"对话框，切换到"所有图表"选项卡，在左侧列表中选择"股价图"选项，然后单击"成交量 - 开盘 - 盘高 - 盘低 - 收盘图"图标，如图 4-41 所示。

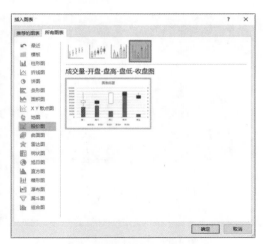

图 4-41 选择图表类型

请注意! 在制作股价图时，要注意数据源必须完整而且排列顺序必须与图表要求的顺序一致。本例中的工作表按照成交量、开盘、盘高、盘低、收盘价的顺序排列，所以在选择图表类型时，应选择"成交量 - 开盘 - 盘高 - 盘低 - 收盘图"股价图。

（3）单击"确定"按钮，关闭对话框，插入的图表如图 4-42 所示。

（4）选中图例，按【Delete】键删除。随后按照上一节介绍的方法格式化图表，最终效果如图 4-43 所示。

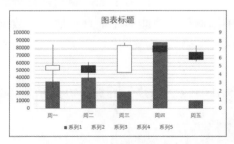

图 4-42 插入的图表

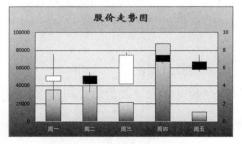

图 4-43 格式化图表后的效果

为了更直观地展示股价的变化趋势，可以给股价走势图添加趋势线。

请注意! 三维图表、堆积图表、雷达图、饼图不能添加趋势线。此外，如果更改了图表或数据序列，原有的趋势线将丢失。

（5）右击数据系列，在弹出的快捷菜单中选择"添加趋势线"选项，弹出"设置趋势线格式"任务窗格，如图 4-44 所示。

（6）在"趋势线选项"列表中选中"移动平均"单选按钮，图表中立即会出现看到添加的趋势线，如图 4-45 所示。

图 4-44　"设置趋势线格式"任务窗格

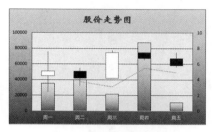

图 4-45　添加趋势线

Excel 提供的 6 种类型的趋势线形式各异，计算方法也各不相同，用户可以根据需要进行选择。

❑ 指数：适用于数据增长或降低速度持续增加，且增加幅度越来越大的情况。

❑ 线性：适用于数据增长或降低的速率比较稳定的情况。

❑ 对数：适用于数据增长或降低幅度一开始比较快，后来逐渐趋于平缓的情况。

❑ 多项式：适用于数据增长或降低幅度波动较多的情况。

❑ 乘幂：适用于数据增长或降低速度持续增加，且增加幅度比较恒定的情况。

❑ 移动平均：在已知的样本中选择一定样本量做数据平均，平滑处理数据中的微小波动，以更清晰地显示趋势。

（7）在"趋势线名称"区域选中"自定义"单选按钮，然后输入趋势线名称"成交量"，也可以保留自动名称。

默认样式的趋势线不够醒目，接下来设置趋势线的格式。

（8）单击任务窗格上方的"填充与线条"按钮 ✎ ，在"线条"选项列表中，设置颜色为红色，短划线类型为"实线"，效果如图4-46 所示。

想要删除趋势线时，只需选中它后按【Delete】键即可。

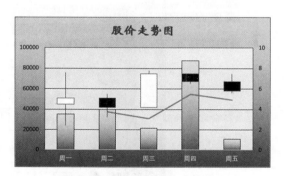

图 4-46　设置趋势线格式的效果

4.4.2　添加误差线

误差线是代表数据系列中每一个数据点与实际值偏差的图形线条，通常用于统计或科学数据分析。常用的误差线是 Y 误差线。

（1）在图表中单击要添加误差线的数据系列。

（2）单击图表右侧的"图表元素"按钮，在弹出的列表中选中"误差线"复选框，然后单击右侧的级联按钮，在弹出的下拉菜单中选择"更多选项"选择，弹出"设置误差线格式"任务窗格，如图 4-47 所示。

此时，在图表中可以看到添加的标准误差线，如图 4-48 所示。

图 4-47 "设置误差线格式"任务窗格

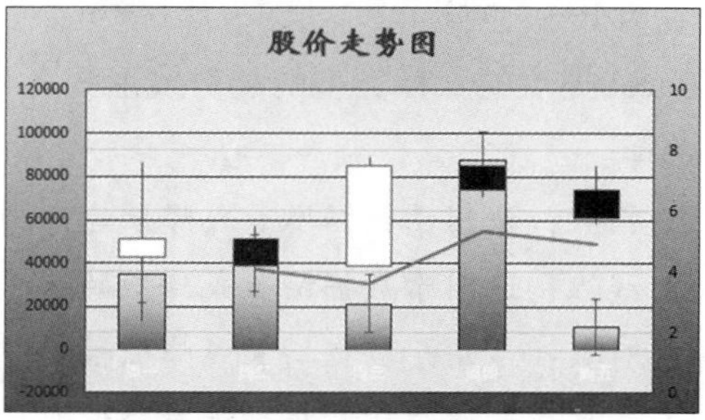

图 4-48 添加误差线

默认样式的误差线不够醒目，接下来设置误差线的格式。

（3）单击任务窗格上方的"填充与线条"按钮，在"线条"选项列表中，设置颜色为红色，宽度为 1.5 磅，效果如图 4-49 所示。

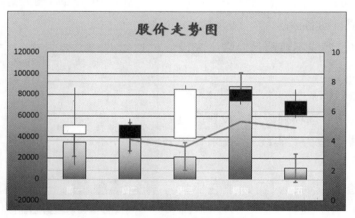

图 4-49 设置误差线格式的效果

在图表中选中误差线后，按【Delete】键即可删除误差线。

4.1.1　创建图表

4.2.1　添加、编辑数据系列

4.2.2　添加数据标签

4.3　设置图表格式——美化项目
　　　支出对比图

4.4.1　添加趋势线

4.4.2　添加误差线

第 5 章　数据处理与分析

Excel 提供多种分析和处理数据的有效工具，如筛选、分类汇总和数据透视表等。利用这些工具，用户可以很方便地查看需要的数据。

使用筛选功能，用户可以对指定数据进行查找，仅显示包含某一特定值或符合一组条件的行并且隐藏其他行。使用分类汇总功能，用户可以自动在清单底部插入一个“总计”行，汇总选定的任意数据。数据透视表可以快速合并和比较大量数据，让用户以一种以不同角度查看数据。

5.1　筛选数据——员工年度考核表

面对数据繁多的数据表格，如何快速便捷地找到需要的信息是很重要的一个问题。筛选是查找和处理数据子集的快捷方法，它可以让 Excel 仅显示满足特定条件的行。

本节以制作员工年度考核表为例，讲解自动筛选、自定义筛选以及高级筛选的操作方法。

5.1.1　自动筛选

自动筛选是指按选定的内容进行筛选，它适用于简单条件，能够在含有大量数据记录的数据列表中快速找到符合条件的记录。

下面使用自动筛选功能选择出勤情况得分为 12 分的员工记录，操作步骤如下。

（1）打开工作表“员工年度考核表”，如图 5-1 所示。

（2）选中数据表中任意一个单元格，单击“数据”菜单选项卡中的“排序和筛选”组中的“筛选”按钮。此时，各个列标志右侧均显示一个下拉按钮，如图 5-2 所示。

	A	B	C	D	E	F	G
1	员工年度考核表						
2	工号	姓名	出勤	履行职责	工作作风	奖惩	总计
3	SW101	周若冰	13	42	30	2	87
4	SW102	贺哲峰	12	45	34	-2	89
5	SW103	李子华	10	44	33	1	88
6	SW104	姚太美	13	42	29	-3	81
7	SW105	李平平	12	43	31	2	88
8	SW106	谢一辉	11	46	32	3	92
9	SW107	王子涵	12	43	33	1	89

图 5-1　员工年度考核表

	A	B	C	D	E	F	G
1	员工年度考核表						
2	工号	姓名	出勤	履行职责	工作作风	奖惩	总计
3	SW101	周若冰	13	42	30	2	87
4	SW102	贺哲峰	12	45	34	-2	89
5	SW103	李子华	10	44	33	1	88
6	SW104	姚太美	13	42	29	-3	81
7	SW105	李平平	12	43	31	2	88
8	SW106	谢一辉	11	46	32	3	92
9	SW107	王子涵	12	43	33	1	89

图 5-2　执行“筛选”命令后的效果

（3）筛选字段。单击“出勤”字段右侧的下拉按钮，在弹出的下拉菜单中取消选中“全选”复选框，然后选中“12”复选框，如图 5-3 所示。

（4）在下拉菜单中选择筛选结果的排序方式，有升序、降序或按颜色排序三种方式。本例采用默认设置。

（5）单击"确定"按钮，数据表将仅显示"出勤"为 12 的记录，且显示的数据的行标题变为蓝色，其他记录自动隐藏，如图 5-4 所示。

在筛选时，可以根据需要设置多个筛选条件，即在筛选结果的基础上进行二次筛选。例如，接下来进一步筛选出总分为 89 的记录。

图 5-3　数字筛选

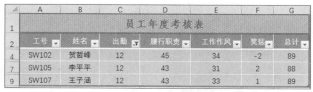

图 5-4　显示筛选结果

（6）单击"总计"字段右侧的下拉按钮，在弹出的下拉菜单中取消选中"全选"复选框，然后选中"89"复选框，结果如图 5-5 所示。

需要取消对某列的筛选时，可以单击列标题右侧的下拉按钮，在弹出的下拉菜单中选中"全部"复选框。需要显示全部记录时，可以选中筛选结果中的任意一个单元格，然后单击"数据"选项卡中的"排序和筛选"组中的"清除"按钮，如图 5-6 所示。

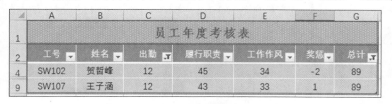

图 5-5　多条件筛选结果

图 5-6　单击"清除"按钮

5.1.2　自定义筛选

Excel 支持用户自定义条件筛选数据，例如，筛选某一列中指定范围内的记录，或者使用逻辑运算符进行筛选。

接下来自定义筛选条件，筛选"履行职责"得分在 44~46 的记录。

（1）单击"履行职责"字段右侧的下拉按钮，在弹出的下拉菜单中选择"数字筛选"选项，在弹出的级联菜单中选择"介于"选项（见图 5-7），弹出"自定义自动筛选方式"对话框。

"前 10 项"并不是指显示前 10 个最大或最小的记录。实际上，可以指定任意数量，还可以筛选数据列表中最大或最小的百分之几的记录。

（2）在第一个筛选条件的下拉列表框中选择"大于或等于"选项，然后在右侧的文本框中输入条件值"44"；在第二个筛选条件的下拉列表框中选择"小于或等于"选项，然后在右侧的文本框中输入条件值"46"；选中"与"单选按钮，如图 5-8 所示。

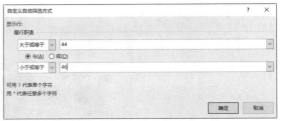

图 5-7　选择筛选条件　　　　图 5-8　设置筛选条件

选中"与"单选按钮表示必须同时满足指定的两个条件。从图 5-8 可以看出，对于同一列数据，最多可以同时应用两个筛选条件。

（3）单击"确定"按钮，关闭对话框，即可筛选出满足条件的记录，如图 5-9 所示。

与自动筛选类似，自定义筛选也支持多条件筛选。例如，筛选姓名中包含"一"或姓"李"的记录。

（4）单击"姓名"字段右侧的下拉按钮，在弹出的下拉菜单中选择"文本筛选"选项，在弹出的级联菜单中选择"自定义筛选"（见图 5-10），弹出"自定义自动筛选方式"对话框。

图 5-9　自定义筛选结果　　　　图 5-10　选择"自定义筛选"选项

（5）在第一个筛选条件的下拉列表框中选择"包含"选项，然后在右侧的文本框中输入条件值"一"；在第二个筛选条件的下拉列表框中选择"开头是"选项，然后在右侧的文本框中输入条件值"李";选中"或"单选按钮,如图 5-11 所示。

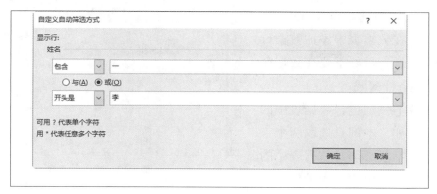

图 5-11 设置筛选条件

选中"或"单选按钮表示只要满足指定的两个条件之一即可。

(6)单击"确定"按钮,关闭对话框,即可筛选出满足条件的记录,如图 5-12 所示。

	A	B	C	D	E	F	G
1	员工年度考核表						
2	工号	姓名	出勤	履行职责	工作作风	奖惩	总计
5	SW103	李子华	10	44	33	1	88
8	SW106	谢一辉	11	46	32	3	92

图 5-12 筛选结果

教你一招: 筛选并删除重复的数据

打开"自定义自动筛选方式"对话框,在对话框中"等于"下拉列表框右侧的文本框中输入数据,单击"确定"按钮,即可看到与数据相同的所有数据,按【Delete】键即可删除含有该数据的行。

5.1.3 高级筛选

需要进行筛选的数据列表中的字段比较多,筛选条件又比较复杂时,可以使用高级筛选功能。

与自动筛选不同,使用高级筛选时,必须先建立一个条件区域,指定筛选条件,且条件区域必须具有列标志。

下面以筛选"履行职责"得分大于 42,"奖惩"得分大于等于 1 的记录为例,介绍高级筛选的操作方法和注意事项。

(1)在工作表的空白位置建立条件区域。本例在单元格区域 C12:D13 输入筛选条件,如图 5-13 所示。

创建筛选条件时，应将条件区域构建在数据区域的起始位置或旁边，从而避免以后在数据表中添加数据行时覆盖条件区域，最好不要在数据区域的下方建立条件区域。

条件区域不一定包含数据表中的所有字段，例如，本例只选取两个字段，但包含的字段必须与数据表中的字段保持一致。在引用作为条件的公式时必须使用相对引用，并且公式能计算出 True 或 False 这样的结果。

	A	B	C	D	E	F	G
1				员 工 年 度 考 核 表			
2	工号	姓名	出勤	履行职责	工作作风	奖惩	总计
3	SW101	周若冰	13	42	30	2	87
4	SW102	贺哲峰	12	45	34	-2	89
5	SW103	李子华	10	44	33	1	88
6	SW104	姚太美	13	42	29	-3	81
7	SW105	李平平	12	43	31	2	88
8	SW106	谢一辉	11	46	32	3	92
9	SW107	王子涵	12	43	33	1	89
10							
11							
12			履行职责	奖惩			
13			>42	>=1			→ 条件区域
14							

图 5-13　输入筛选条件

请注意！　条件区域的字段名下方必须至少有两行空行，一行用于输入筛选条件，另一行用于与筛选得到的数据区域分隔。

（2）选中要进行数据筛选的数据区域中的任意一个单元格，单击"数据"选项卡中的"排序和筛选"组中的"高级"按钮，弹出"高级筛选"对话框，如图 5-14 所示。

（3）"列表区域"文本框保留默认设置；单击"条件区域"文本框右侧的"选择"按钮，在数据表中选择单元格区域 C12：D13，然后单击对话框中的"还原"按钮，此时"条件区域"文本框会自动填充选中的单元格区域，如图 5-15 所示。

（4）选中"将筛选结果复制到其他位置"单选按钮，然后单击"复制到"文本框右侧的"选择"按钮，在数据表中选择单元格区域 A16：G16，然后单击对话框中的"还原"按钮，此时"复制到"文本框会自动填充选中的单元格区域，如图 5-16 所示。

图 5-14　"高级筛选"对话框

图 5-15　指定条件区域

图 5-16　指定筛选结果的显示位置

若选中"在原有区域显示筛选结果"单选按钮，则筛选结果将替代数据源。可以看出，高级筛选与自动筛选的一个最主要区别就是，高级筛选操作的结果可以与数据源同屏显示，或直接复制到其他单元格区域中保存。

如果不希望显示重复记录，则要选中"选择不重复的记录"复选框。

（5）单击"确定"按钮，Excel 将在指定的单元格区域显示筛选结果，如图 5-17 所示。

在本例设置的条件区域中，筛选的两个条件并排，表示两个条件是交叉关系"与"。如果筛选条件为并列关系"或"，应将条件列在不同的行内。下面筛选"履行职责"得分大于 42，且"奖惩"得分大于等于 1 的记录，或总分小于 88 的记录。

（6）修改筛选条件。在条件区域添加列标题"总计"，并在标题行下方的第二行输入条件值，如图 5-18 所示。

图 5-17　筛选结果

	A	B	C	D	E	F	G
1				员工年度考核表			
2	工号	姓名	出勤	履行职责	工作作风	奖惩	总计
3	SW101	周若冰	13	42	30	2	87
4	SW102	贺哲峰	12	45	34	-2	89
5	SW103	李子华	10	44	33	1	88
6	SW104	姚太美	13	42	29	-3	81
7	SW105	李平平	12	43	31	2	88
8	SW106	谢一辉	11	46	32	3	92
9	SW107	王子涵	12	43	33	1	89
10							
11							
12			履行职责	奖惩			
13			>42	>=1			
14							
15							
16	工号	姓名	出勤	履行职责	工作作风	奖惩	总计
17	SW103	李子华	10	44	33	1	88
18	SW105	李平平	12	43	31	2	88
19	SW106	谢一辉	11	46	32	3	92
20	SW107	王子涵	12	43	33	1	89

	A	B	C	D	E	F	G
1				员工年度考核表			
2	工号	姓名	出勤	履行职责	工作作风	奖惩	总计
3	SW101	周若冰	13	42	30	2	87
4	SW102	贺哲峰	12	45	34	-2	89
5	SW103	李子华	10	44	33	1	88
6	SW104	姚太美	13	42	29	-3	81
7	SW105	李平平	12	43	31	2	88
8	SW106	谢一辉	11	46	32	3	92
9	SW107	王子涵	12	43	33	1	89
10							
11							
12			履行职责	奖惩		总计	
13			>42	>=1			
14						<88	
15							
16	工号	姓名	出勤	履行职责	工作作风	奖惩	总计
17	SW103	李子华	10	44	33	1	88
18	SW105	李平平	12	43	31	2	88
19	SW106	谢一辉	11	46	32	3	92
20	SW107	王子涵	12	43	33	1	89

图 5-18　设置条件区域

（7）在数据源中单击任意一个单元格，然后单击"数据"选项卡中的"排序和筛选"组中的"高级"按钮，弹出"高级筛选"对话框。单击"条件区域"文本框右侧的"选择"按钮，在数据表中选中单元格区域 C12：E14，并单击对话框中的"还原"按钮；选中"将筛选结果复制到其他位置"单选按钮，然后单击"复制到"文本框右侧的"选择"按钮，在数据表中选中单元格区域 A22：G22，然后单击对话框中的"还原"按钮，如图 5-19 所示。

（8）单击"确定"按钮，关闭对话框，筛选结果如图 5-20 所示。

图 5-19　设置筛选方式

	工号	姓名	出勤	履行职责	工作作风	奖惩	总计
11							
12				履行职责	奖惩		总计
13				>42	>=1		
14							<88
15							
16	工号	姓名	出勤	履行职责	工作作风	奖惩	总计
17	SW103	李子华	10	44	33	1	88
18	SW105	李平平	12	43	31	2	88
19	SW106	谢一辉	11	46	32	3	92
20	SW107	王子涵	12	43	33	1	89
21							
22	工号	姓名	出勤	履行职责	工作作风	奖惩	总计
23	SW101	周若冰	13	42	30	2	87
24	SW103	李子华	10	44	33	1	88
25	SW104	姚太美	13	42	29	-3	81
26	SW105	李平平	12	43	31	2	88
27	SW106	谢一辉	11	46	32	3	92
28	SW107	王子涵	12	43	33	1	89

图 5-20　筛选结果

5.2　分类汇总——展会信息表

分类汇总是一种常用的数据分析方法，它对数据列表按指定的字段进行分类，并在数据表底部插入一个"总计"行汇总同一类记录的有关信息。对数据列表行分类汇总之后，如果修改了其中的明细数据，那么汇总数据也随之自动进行更新。

插入分类汇总之前，应先将数据排序，以便将要进行分类汇总的行组合到一起，然后为包含数字的列计算分类汇总。

本节以管理展会信息为例，介绍创建简单分类汇总、高级分类汇总、多级分类汇总以及分级查看汇总结果的操作方法。

5.2.1　简单分类汇总

简单分类汇总用于对数据表中的某一列进行某种方式的汇总，例如，显示各个城市展览面积的最大值。

（1）打开已输入数据的工作表"展会信息表"，如图 5-21 所示。

图 5-21　展会信息表

 在分类汇总中，要进行分类汇总的数据源必须具有字段名，也就是说每列数据都要有列标题。Excel 根据列标题确定如何创建数据组以及如何计算总和。

（2）选中"举办地点"列中的任意一个单元格，单击"数据"选项卡中的"排序和筛选"组中的"升序"按钮 ↓↑，数据表按该列进行升序排列，如图 5-22 所示。

▲	A	B	C	D	E	F	G	H
1			最新展会信息表					
2	序号	展会名称	举办地点	展馆名称	开幕时间	持续时间（天）	展商数量	展览面积（㎡）
3	2	2018中国模具工业展览会	北京	国际展览中心	11月21日	3	600	68,000
4	3	2018第十八届中国国际名酒博览会	北京	国际展览中心	11月16日	3	500	56,000
5	6	第二十五届酒店家具装饰展	广州	进出口商品交易会展馆	12月16日	3	4,000	350,000
6	9	金融科技博览会	广州	白云国际会议中心	11月2日	2	680	70,000
7	10	第三届国际月子健康博览会	广州	琶洲国际会展中心	12月17日	3	400	50,000
8	8	智能设备展	杭州	杭州国际博览中心	11月7日	3	500	4,000
9	1	2018杭州国际新零售产业博览会	上海	光大会展中心	11月7日	3	550	60,000
10	5	2018第八届上海国际茶博会秋季展	上海	光大会展中心	9月20日	4	800	80,000
11	7	国际建筑节能及新型建材展览会	上海	新国际博览中心	7月18日	3	1,000	100,000
12	11	海外置业移民留学展览会	上海	新国际博览中心	12月15日	3	300	30,000
13	4	2018深圳国际医疗器械展览会	深圳	会展中心	12月26日	3	500	58,000

图 5-22　对举办地点进行排序

（3）单击"数据"选项卡中的"分级显示"组中的"分类汇总"按钮，弹出"分类汇总"对话框。

> **请注意！**　如果使用了"套用表格模式"功能，Excel 会自动将数据区域转化为列表，而列表是不能够进行分类汇总的，此时"分类汇总"按钮为灰色，不可用。右击数据表任一单元格，在弹出的快捷菜单中选择"表格"选项，在弹出的级联菜单中选择"转化为区域"选项，即可进行分类汇总操作。

（4）在"分类字段"下拉列表框中选择"举办地点"选项，在"汇总方式"下拉列表框中选择"最大值"选项，在"选定汇总项"列表框中选中"展览面积"复选框，如图 5-23 所示。

"替换当前分类汇总"和"汇总结果显示在数据下方"复选框是默认选中的，如果要保留先前对数据列表执行的分类汇总，则应取消选中"替换当前分类汇总"复选框。如果选中"每组数据分页"复选框，那么 Excel 将把每类数据分页显示。同时选中"选定汇总项"列表框中的多个复选框，可以对多列进行分类汇总。

（5）单击"确定"按钮，关闭对话框。分类汇总结果如图 5-24 所示，Excel 分级显示各个城市展位的最大值。

图 5-23　"分类汇总"对话框

序号	展会名称	举办地点	展馆名称	开幕时间	持续时间(天)	展商数量	展览面积(m²)
				最新展会信息表			
2	2018中国模具工业展览会	北京	国际展览中心	11月21日	3	600	68,000
3	2018第十八届中国国际名酒博览会	北京	国际展览中心	11月16日	3	500	56,000
	北京 最大值						68,000
6	第二十五届酒店家具装饰展览	广州	进出口商品交易会展馆	12月16日	3	4,000	350,000
9	金融科技博览会	广州	白云国际会议中心	11月2日	2	680	70,000
10	第三届国际月子健康博览会	广州	琶洲国际会展中心	12月17日	3	400	50,000
	广州 最大值						350,000
8	智能设备展	杭州	杭州国际博览中心	11月7日	3	500	4,000
	杭州 最大值						4,000
1	2018杭州国际新零售产业博览会	上海	光大会展中心	11月7日	3	550	60,000
5	2018第八届上海国际茶博会秋季展	上海	光大会展中心	9月20日	4	800	80,000
	国际建筑节能及新型建材展览会	上海	新国际博览中心	7月18日	3	1,000	100,000
11	海外置业移民留学展览会	上海	新国际博览中心	12月15日	3	300	30,000
	上海 最大值						100,000
4	2018深圳国际医疗器械展览会	深圳	会展中心	12月26日	3	500	58,000
	深圳 最大值						58,000
	总计最大值						350,000

图 5-24　分类汇总结果

5.2.2　高级分类汇总

高级分类汇总用于对数据表中的某一列进行两种方式的汇总，例如，汇总各个城市的展览面积和展会个数。

（1）打开上一节插入的简单分类汇总，选中数据区域任一单元格，单击"数据"选项卡中的"分级显示"组中的"分类汇总"按钮，弹出"分类汇总"对话框。

（2）在"汇总方式"下拉列表框中选择"计数"选项，并取消选中"替换当前分类汇总"复选框，如图 5-25 所示。

（3）单击"确定"按钮，即可显示汇总的最大值和计数值，如图 5-26 所示。

图 5-25　设置分类汇总方式

序号	展会名称	举办地点	展馆名称	开幕时间	持续时间(天)	展商数量	展览面积(m²)
				最新展会信息表			
2	2018中国模具工业展览会	北京	国际展览中心	11月21日	3	600	68,000
3	2018第十八届中国国际名酒博览会	北京	国际展览中心	11月16日	3	500	56,000
	北京 计数						2
	北京 最大值						68,000
6	第二十五届酒店家具装饰展览	广州	进出口商品交易会展馆	12月16日	3	4,000	350,000
9	金融科技博览会	广州	白云国际会议中心	11月2日	2	680	70,000
10	第三届国际月子健康博览会	广州	琶洲国际会展中心	12月17日	3	400	50,000
	广州 计数						3
	广州 最大值						350,000
8	智能设备展	杭州	杭州国际博览中心	11月7日	3	500	4,000
	杭州 计数						1
	杭州 最大值						4,000
1	2018杭州国际新零售产业博览会	上海	光大会展中心	11月7日	3	550	60,000
5	2018第八届上海国际茶博会秋季展	上海	光大会展中心	9月20日	4	800	80,000
7	国际建筑节能及新型建材展览会	上海	新国际博览中心	7月18日	3	1,000	100,000
11	海外置业移民留学展览会	上海	新国际博览中心	12月15日	3	300	30,000
	上海 计数						4
	上海 最大值						100,000
4	2018深圳国际医疗器械展览会	深圳	会展中心	12月26日	3	500	58,000
	深圳 计数						1
	深圳 最大值						58,000
	总计数						11
	总计最大值						350,000

图 5-26　显示高级汇总结果

5.2.3 多级分类汇总

多级汇总是指在一个分类汇总结果的基础上，对其他的字段进行分类汇总。例如，要在举办地点汇总的基础上，再对各个展馆的展商数量进行汇总。

（1）打开"展会信息表"并选中数据区域的任意一个单元格，单击"数据"选项卡中的"排序和筛选"组中的"排序"按钮，弹出"排序"对话框。

（2）设置多列排序条件。设置"主要关键字""举办地点"，排序方式为"升序"；单击"添加条件"按钮，设置"次要关键字"为"展馆名称"，排序方式为"升序"，如图5-27 所示。

图 5-27　设置多列排序

（3）单击"确定"按钮，关闭对话框，排序后的工作表如图 5-28 所示。

（4）单击"数据"选项卡中的"分级显示"组中的"分类汇总"按钮，弹出"分类汇总"对话框。在"分类字段"下拉列表框中选择"举办地点"选项，在"汇总方式"下拉列表框中选择"计数"选项；在"选定汇总项"列表框中选中"展馆名称"复选框，如图5-29 所示。

图 5-28　排序结果　　　　**图 5-29　设置分类汇总方式**

（5）单击"确定"按钮，关闭对话框。分类汇总结果如图 5-30 所示，所有记录按举办地点和展馆名称进行分类，各个城市的展会数量也得到了统计。

（6）再次单击"数据"选项卡中的"分级显示"组中的"分类汇总"按钮，弹出"分类汇总"对话框。在"分类字段"下拉列表框中选择"展馆名称"选项，在"汇总方式"

下拉列表框中选择“最大值”选项；在“选定汇总项”列表框中选中“展商数量”复选框；然后取消选中“替换当前分类汇总”复选框，如图 5-31 所示。

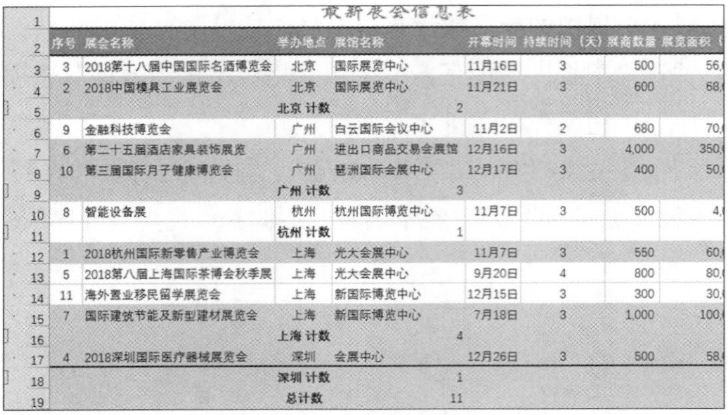

行								
1	最新展会信息表							
2	序号	展会名称	举办地点	展馆名称	开幕时间	持续时间（天）	展商数量	展览面积（
3	3	2018第十八届中国国际名酒博览会	北京	国际展览中心	11月16日	3	500	56,
4	2	2018中国模具工业展览会	北京	国际展览中心	11月21日	3	600	68,
5			北京 计数	2				
6	9	金融科技博览会	广州	白云国际会议中心	11月2日	2	680	70,
7	6	第二十五届酒店家具装饰展览	广州	进出口商品交易会展馆	12月16日	3	4,000	350,
8	10	第三届国际月子健康博览会	广州	琶洲国际会展中心	12月17日	3	400	50,
9			广州 计数	3				
10	8	智能设备展	杭州	杭州国际博览中心	11月7日	3	500	4,
11			杭州 计数	1				
12	1	2018杭州国际新零售产业博览会	上海	光大会展中心	11月7日	3	550	60,
13	5	2018第八届上海国际茶博会秋季展	上海	光大会展中心	9月20日	4	800	80,
14	11	海外置业移民留学展览会	上海	新国际博览中心	12月15日	3	300	30,
15	7	国际建筑节能及新型建材展览会	上海	新国际博览中心	7月18日	3	1,000	100,
16			上海 计数	4				
17	4	2018深圳国际医疗器械展览会	深圳	会展中心	12月26日	3	500	58,
18			深圳 计数	1				
19			总计数	11				

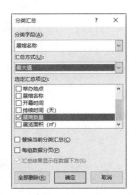

图 5-30　分类汇总结果

图 5-31　设置分类汇总方式

（7）单击“确定”按钮，关闭对话框，分类汇总结果如图 5-32 所示。

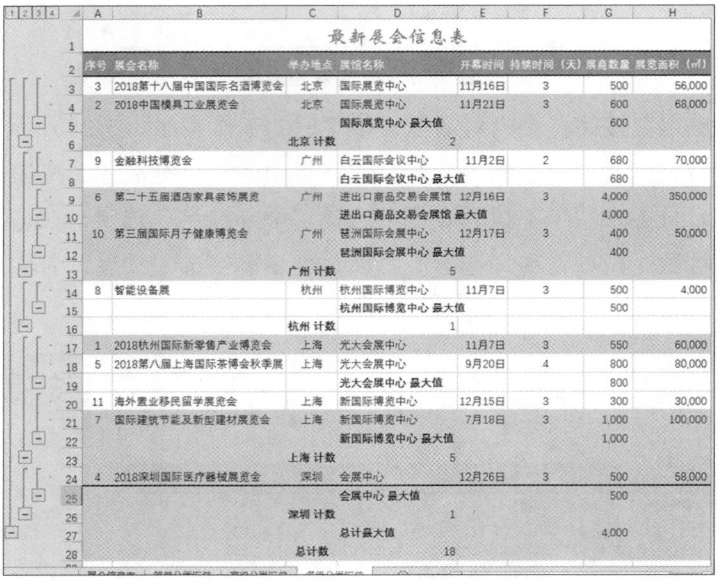

	A	B	C	D	E	F	G	H
1	最新展会信息表							
2	序号	展会名称	举办地点	展馆名称	开幕时间	持续时间（天）	展商数量	展览面积（㎡）
3	3	2018第十八届中国国际名酒博览会	北京	国际展览中心	11月16日	3	500	56,000
4	2	2018中国模具工业展览会	北京	国际展览中心	11月21日	3	600	68,000
5				国际展览中心 最大值			600	
6			北京 计数	2				
7	9	金融科技博览会	广州	白云国际会议中心	11月2日	2	680	70,000
8				白云国际会议中心 最大值			680	
9	6	第二十五届酒店家具装饰展览	广州	进出口商品交易会展馆	12月16日	3	4,000	350,000
10				进出口商品交易会展馆 最大值			4,000	
11	10	第三届国际月子健康博览会	广州	琶洲国际会展中心	12月17日	3	400	50,000
12				琶洲国际会展中心 最大值			400	
13			广州 计数	5				
14	8	智能设备展	杭州	杭州国际博览中心	11月7日	3	500	4,000
15				杭州国际博览中心 最大值			500	
16			杭州 计数	1				
17	1	2018杭州国际新零售产业博览会	上海	光大会展中心	11月7日	3	550	60,000
18	5	2018第八届上海国际茶博会秋季展	上海	光大会展中心	9月20日	4	800	80,000
19				光大会展中心 最大值			800	
20	11	海外置业移民留学展览会	上海	新国际博览中心	12月15日	3	300	30,000
21	7	国际建筑节能及新型建材展览会	上海	新国际博览中心	7月18日	3	1,000	100,000
22				新国际博览中心 最大值			1,000	
23			上海 计数	5				
24	4	2018深圳国际医疗器械展览会	深圳	会展中心	12月26日	3	500	58,000
25				会展中心 最大值			500	
26			深圳 计数	1				
27				总计最大值			4,000	
28			总计数	18				

图 5-32　多级分类汇总结果

从上面的步骤可以看出，多级分类汇总的结果由两层分类汇总嵌套构成：外层是按照举办地点对展会数量进行汇总；内层是在同一举办地点里面，再按照展馆名称进行的分类汇总。

5.2.4　分级显示汇总结果

建立分类汇总之后，Excel 将分级显示数据列表。当分类级数较多时，可能无法分清不同级分类汇总之间的关系。此时可以根据需要显示或隐藏明细数据行，使数据看起来更明晰。

（1）在如图 5-32 所示的分类汇总结果中，选中单元格 C13。单击"数据"选项卡中的"分级显示"组中的"隐藏明细数据"按钮 ，单元格 C13 中的数据所在分类组中的数据将被隐藏，只显示分类汇总项，如图 5-33 所示。

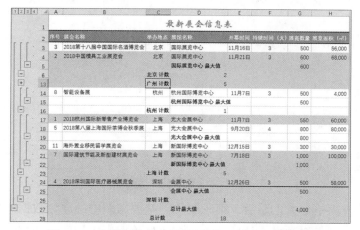

图 5-33　隐藏所选单元格数据所在分类组中的数据

　建立分类汇总后，只要修改明细数据，汇总数据就会自动更新。

（2）单击"分级显示"组中的"显示明细数据"按钮 ，Excel 将显示进行最后一次隐藏明细数据操作前的工作表。

使用表格行号左侧的分级工具条 ，也可以对明细数据进行显示或隐藏。创建一级分类汇总后的数据表分为三级显示，如果创建了多级汇总，就不仅仅显示三级了。

（3）单击一级数据按钮 ，表中仅显示一级数据，如图 5-34 所示，只显示总计数。

图 5-34　显示一级数据

（4）单击二级数据按钮 ，则显示一级和二级数据，即第一次分类汇总时产生的各分类项，如图 5-35 所示。

图 5-35　显示前二级数据

（5）单击三级数据按钮 ，则显示前三级数据，即第二次分类汇总产生的数据项，如

图 5-36 所示。

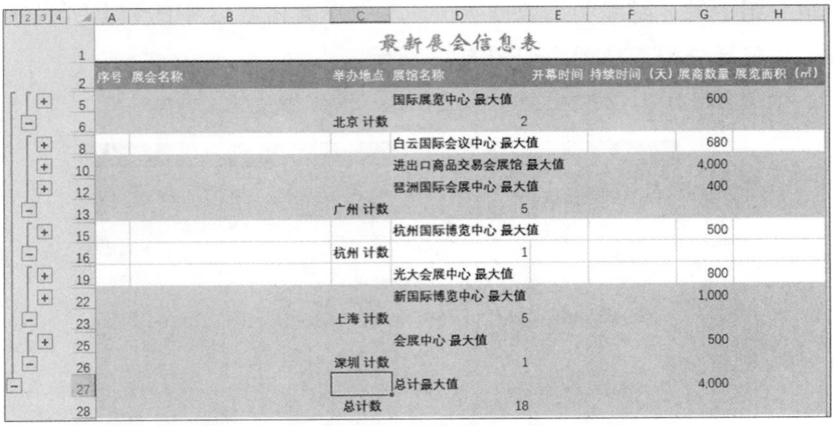

最新展会信息表							
序号	展会名称	举办地点	展馆名称	开幕时间	持续时间（天）	展商数量	展览面积（㎡）
			国际展览中心 最大值			600	
		北京 计数	2				
			白云国际会议中心 最大值			680	
			进出口商品交易会展馆 最大值			4,000	
			琶洲国际会展中心 最大值			400	
		广州 计数	5				
			杭州国际博览中心 最大值			500	
		杭州 计数	1				
			光大会展中心 最大值			800	
			新国际博览中心 最大值			1,000	
		上海 计数	5				
			会展中心 最大值			500	
		深圳 计数	1				
			总计最大值			4,000	
		总计数	18				

图 5-36　显示前三级数据

对数据表进行简单分类汇总后，第三级数据是数据表中的原始数据。如果创建了多级分类汇总，就会有更多级数据，最后一级数据才是数据表中的原始数据。本例做了两级分类汇总，所以还有第四级数据，此时第四级数据才是原始数据。

（6）单击四级数据按钮 4，将显示全部明细数据，如图 5-37 所示。

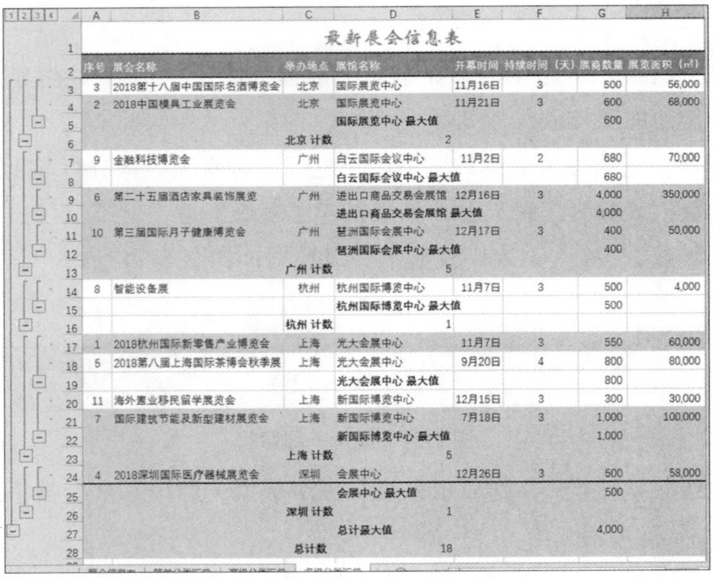

最新展会信息表							
序号	展会名称	举办地点	展馆名称	开幕时间	持续时间（天）	展商数量	展览面积（㎡）
3	2018第十八届中国国际名酒博览会	北京	国际展览中心	11月16日	3	500	56,000
2	2018中国模具工业展览会	北京	国际展览中心	11月21日	3	600	68,000
			国际展览中心 最大值			600	
		北京 计数	2				
9	金融科技博览会	广州	白云国际会议中心	11月2日	2	680	70,000
			白云国际会议中心 最大值			680	
6	第二十五届酒店家具装饰展览	广州	进出口商品交易会展馆	12月16日	3	4,000	350,000
			进出口商品交易会展馆 最大值			4,000	
10	第三届国际月子健康博览会	广州	琶洲国际会展中心	12月17日	3	400	50,000
			琶洲国际会展中心 最大值			400	
		广州 计数	5				
8	智能设备展	杭州	杭州国际博览中心	11月7日	3	500	4,000
			杭州国际博览中心 最大值			500	
		杭州 计数	1				
1	2018杭州国际新零售产业博览会	上海	光大会展中心	11月7日	3	550	60,000
5	2018第八届上海国际茶博会秋季展	上海	光大会展中心	9月20日	4	800	80,000
			光大会展中心 最大值			800	
11	海外置业移民留学展览会	上海	新国际博览中心	12月15日	3	300	30,000
7	国际建筑节能及新型建材展览会	上海	新国际博览中心	7月18日	3	1,000	100,000
			新国际博览中心 最大值			1,000	
		上海 计数	5				
4	2018深圳国际医疗器械展览会	深圳	会展中心	12月26日	3	500	58,000
			会展中心 最大值			500	
		深圳 计数	1				
			总计最大值			4,000	
		总计数	18				

图 5-37　显示全部明细数据

5.2.5　保存、清除分类汇总数据

在 Excel 2019 中，可以把分类汇总后的汇总行数据复制到其他单元格或单元格区域中保存起来，或者将不再使用的分类汇总删除。

（1）选中要保存的数据区域，如图 5-38 所示。单击“开始”菜单选项卡中的“编辑”

组中的"查找和选择"按钮，在弹出的下拉菜单中选择"定位条件"选项。

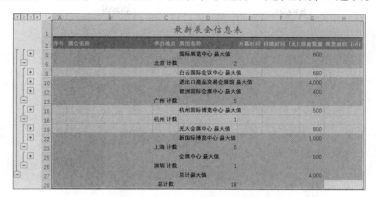

图 5-38　选中分类汇总数据

（2）弹出"定位条件"对话框，选中"可见单元格"单选按钮，如图 5-39 所示，然后单击"确定"按钮，关闭对话框。

（3）按【Ctrl+C】组合键，复制单元格区域，然后新建一个工作表，单击新工作表的单元格 A1，按【Ctrl+V】组合键，复制后的结果如图 5-40 所示。

图 5-39　设置"定位条件"对话框

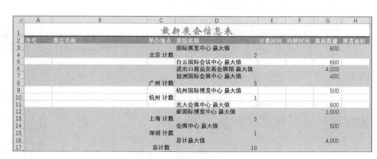

图 5-40　复制后的结果

从图 5-40 可以看出，仅分类汇总结果被复制，不包括隐藏的明细数据。

需要清除分类汇总时，可以执行以下操作。

（1）单击分类汇总数据表中的任意一个单元格，单击"数据"选项卡中的"分级显示"组中的"分类汇总"按钮，弹出"分类汇总"对话框，如图 5-41 所示。

（2）单击对话框左下角的"全部删除"按钮，即可删除工作表中所有的分类汇总。

（3）单击"确定"按钮，完成操作。

图 5-41　"分类汇总"对话框

5.3　使用数据透视表——员工薪资管理

数据透视表是一种交互式报表，结合了分类汇总和合并计算的优点，提供了一种以不同角度查看数据表的简便方法。

5.3.1　认识数据透视表

数据透视表通常如图 5-42 所示。在创建数据透视表之前，读者有必要了解一些关于数据透视表的常用术语。

图 5-42　数据透视表示例

- ❑ 行字段：指定为行方向的源数据表中的字段，如图 5-42 中的"客户名称"和"行标签"。包含多个行字段的数据透视表具有内部行字段，如图 5-42 中的"22U7"、"22U7（白）"等。

- ❑ 列字段：指定为列方向的源数据表中的字段，如图 5-42 中的"12 月 16 日"。

- ❑ 页字段：用于对整个数据透视表进行筛选的字段，以显示单个项或所有项的数据，如图 5-42 中的"客户名称"。

- ❑ 数据字段：提供要汇总的数据值，如图 5-42 中的"求和项：订单数量"。

5.3.2　创建数据透视表

下面以管理员工薪资数据为例，介绍创建数据透视表的方法。

（1）打开工作表"薪资管理表"，并选中数据区域中的任意一个单元格，如图 5-43 所示。

（2）单击"插入"选项卡中的"表格"组中的"数据透视表"按钮，弹出"创建数据透视表"对话框，如图 5-44 所示。

图 5-43　薪资管理表

图 5-44　"创建数据透视表"对话框

（3）选择创建数据透视表的源数据，默认为选中的单元格区域；选择放置数据透视表的位置为"新工作表"。单击"确定"按钮，将新建一个工作表放置空白的数据透视表，并弹出"数据透视表字段"任务窗格，如图 5-45 所示。

图 5-45　创建的空白数据透视表

（4）在"数据透视表字段"任务窗格中，选中"月份"复选框，并将其拖放到"筛选"区域；选中"姓名"复选框，并将其拖放到"行"区域；选中"部门"复选框，并将其拖放到"列"区域；选中"实发工资"复选框，并将其拖放到"值"区域，如图 5-46 所示。

在工作表中可以看到创建的数据透视表，此时可方便地查看各项汇总值。

使用默认的行标签和列标签查看数据并不直观，接下来修改行标签和列标签的名称。

（5）在行标签所在的单元格中双击，单元格内容变为可编辑状态时，输入"姓名"；用同样的方法，修改列标签的名称为"部门"，如图 5-47 所示。

图 5-46　设置数据透视表布局

图 5-47　修改行列标签的名称

在数据透视表中，默认的汇总方式为"求和"，用户可以根据需要修改汇总方式。

（6）选中单元格 A3 并右击，在弹出的快捷菜单中选择"值字段设置"选项，弹出"值字段设置"对话框。在"值汇总方式"选项卡的"计算类型"列表框中选中"平均值"选项，如图 5-48 所示。

（7）单击"确定"按钮，即可更改字段"工资总额"的汇总方式，如图 5-49 所示。

图 5-48　更改汇总方式

图 5-49　更改汇总方式的效果

5.3.3　更改数据透视表的布局

数据透视表提供一种以不同角度查看数据表的简便方法，数据透视表创建完成以后，还可以根据需要修改数据透视表的布局，查看需要的数据汇总。

（1）单击单元格 A4 和 B3 右侧的下拉按钮，在弹出的下拉菜单中选中"全选"复选框，然后单击"确定"按钮，即可显示全部员工的薪资数据，如图 5-50 所示。

（2）右击数据透视表中的任意一个单元格，在弹出的快捷菜单中选择"显示字段列表"选项，弹出"数据透视表字段"任务窗格。

（3）将筛选字段修改为"出勤天数"，列字段修改为"姓名"，行字段修改为"部门"，如图 5-51 所示。

图 5-50　显示全部职员的数据　　　　图 5-51　修改数据透视表布局

此时的数据透视表布局如图 5-52 所示。

	A	B	C	D	E	F	G	H	I	J	K	L	M
1	出勤天数	(全部)											
2													
3	求和项:工资总额	部门											
4	姓名	李想	孙琳琳	高尚	韩子瑜	苏梅	李瑞彬	张钰林	王梓	谢婷婷	黄歆歆	秦娜	总计
5	财务部									7000			7000
6	企划部							10200	8600				18800
7	人事部					6200						7400	13600
8	销售部	5000	5200										10200
9	研发部			9500	9800		10500				11000		40800
10	总计	5000	5200	9500	9800	6200	10500	10200	8600	7000	11000	7400	90400

图 5-52　修改数据透视表的布局

接下来修改行标签和列标签。

（4）在行标签所在的单元格中双击，当单元格内容变为可编辑状态时，输入"部门"；用同样的方法，修改列标签的名称为"姓名"，如图 5-53 所示。

	A	B	C	D	E	F	G	H	I	J	K	L	M
1	出勤天数	(全部) ▼											
2													
3	求和项:工资总额	姓名											
4	部门 ▼	李想	孙琳琳	高尚	韩子瑜	苏梅	李瑞彬	张钰林	王梓	谢婷婷	黄歆歆	秦娜	总计
5	财务部									7000			7000
6	企划部							10200	8600				18800
7	人事部					6200						7400	13600
8	销售部	5000	5200										10200
9	研发部			9500	9800		10500				11000		40800
10	总计	5000	5200	9500	9800	6200	10500	10200	8600	7000	11000	7400	90400

图 5-53　修改行、列标签

5.3.4　查看筛选数据

透视表创建完成后，就可以分别查看各名员工或各个部门的工资汇总了。透视表还可以只显示需要的数据，隐藏暂时不需要的数据。

（1）单击列标签"部门"右侧的下拉按钮，在弹出的下拉菜单中取消选中"全部"复选框，并选中"研发部"选项，然后单击"确定"按钮，即可查看研发部的员工工资及汇总，如图 5-54 所示。

（2）若将鼠标指针停放在任意数据项（如 B6）的上方，将显示该项的详细内容，如图 5-55 所示。当数据较多时，使用此项功能使查看数据更加方便、快捷。

（3）在数据透视表中双击要显示明细的数据项（如 A6），弹出"显示明细数据"对话框。选择要显示的明细数据所在的字段（如"底薪"），如图 5-56 所示。

图 5-54　设置筛选条件查看数据　图 5-55　查看数据详细信息　图 5-56　选择要显示的明细数据所在的字段

（4）单击"确定"按钮，即可显示指定字段的明细数据，如图 5-57 所示。

此时，在数据项左侧可以看到一个"折叠"按钮 ▬ 或"展开"按钮 ⊞，单击按钮，即可隐藏或展开对应数据项的明细数据。如果要一次折叠或展开活动字段的所有项，可以使用"展开字段"或"折叠字段"按钮。

（5）选中单元格 A8，单击"数据透视表工具 – 分析"选项卡中的"活动字段"组中的"展开字段"按钮 ╼，即可展开活动字段的所有项，如图 5-58 所示。

图 5-57　显示指定字段的明细数据　　　图 5-58　展开字段前、后的效果

此时，单击"折叠字段"按钮，即可折叠活动字段的所有项。

除了可以在数据透视表中显示或隐藏明细数据，还可以分页显示报表筛选页。

（6）选中数据透视表中的任意单元格，单击"数据透视表工具 / 分析"选项卡中的"数据透视表"按钮，在弹出的下拉菜单中选择"选项"选项，在弹出的下拉菜单中选择"显示报表筛选页"选项，如图 5-59 所示。

（7）弹出如图 5-60 所示的"显示报表筛选页"对话框中，在"选定要显示的报表筛选页字段"列表框中选择要显示的筛选页使用的字段。

图 5-59　选择"显示报表筛选页"选项　　图 5-60　"显示报表筛选页"对话框

（8）单击"确定"按钮，在数据透视表所在工作表的前面将自动插入多个工作表。工作表的具体数目取决于筛选字段包含的项数，并且每个工作表都是以页字段包含的项目命名，如图 5-61 所示。

（9）切换到一个以数据项命名的工作表（如"24"工作表），即可查看出勤天数为 24 的数据透视表，如图 5-62 所示。

图 5-61　生成的筛选页　　　　　　图 5-62　"24"工作表

5.3.5　格式化数据透视表

数据透视表的格式设置与普通单元格的格式设置一样，可以通过手动和自动套用格式两种方法进行设置。在实际应用中，一般都使用"自动套用格式"功能来格式化数据透

126

视表。

（1）选中数据透视表中的任意一个单元格，在"数据透视表工具 / 设计"选项卡中可以设置数据透视表的布局、选项以及套用格式，如图 5-63 所示。

图 5-63　"数据透视表工具 / 设计"选项卡

（2）单击"数据透视表样式"列表框右侧的下拉按钮，可以设置数据透视表的外观样式。例如，选择"深蓝，深色 6"样式时的数据透视表如图 5-64 所示。

图 5-64　套用格式后的数据透视表

（3）套用格式后，还可以定义行高、字体、数据格式以及单元格边框等格式，如图 5-65 所示。

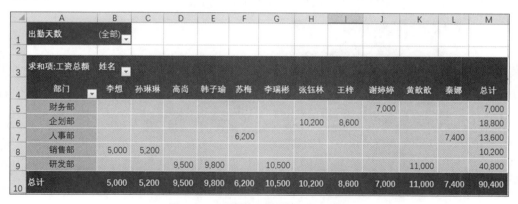

图 5-65　设置单元格格式后的效果

5.3.6　删除数据透视表

使用数据透视表查看、分析数据时，可以根据需要删除数据透视表中的某些字段。不再使用数据透视表时，可以删除整个数据透视表。

1．删除数据透视表中的字段

（1）打开数据透视表。在数据透视表中的任意一个单元格中右击，在弹出的快捷菜单中选择"显示字段列表"选项，弹出"数据透视表字段"任务窗格。

（2）执行以下操作之一可删除指定的字段。

❑ 在透视表字段列表中取消选中要删除的字段前面的复选框，如图 5-66 所示。

❑ 在"数据透视表字段"任务窗格底部的区域间选中要删除的字段标签并右击，在弹出的快捷菜单中选择"删除字段"选项，如图 5-67 所示。

图 5-66　取消选中字段　　　　　　　　图 5-67　选择"删除字段"选项

2．删除数据透视表

（1）选中数据透视表中的任意单元格。

（2）单击"数据透视表工具 / 分析"选项卡中的"操作"组中的"清除"按钮，在弹出的下拉菜单中选择"全部清除"选项，如图 5-68 所示。

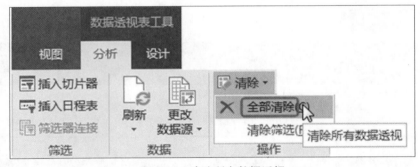

图 5-68　清除所有数据透视

　　　删除数据透视表之后，与之关联的数据透视表将被冻结，不可再对其进行更改。

5.4　创建数据透视图——医疗费用统计图

数据透视图是数据透视表与图表的结合，它不仅保留了数据透视表的方便和灵活，而且与其他图表一样，能以一种更加可视化和易于理解的方式展示数据之间的关系。

数据透视图具有丰富的图表类型，几乎可以满足所有类型数据的图像表示要求。对于常规图表，用户要为查看的每张数据视图创建一张图表，而对于数据透视图，只要创建单张图表就可以通过更改报表布局或明细数据，以不同的方式查看数据。

创建数据透视图有两种方法，一种是直接利用数据源创建数据透视图，另一种是在数据透视表的基础上创建数据透视图。

5.4.1　通过数据区域创建数据透视图

下面以创建数据透视图分析某公司职员的医疗费用为例，介绍基于数据区域建立数据透视图，以及编辑透视图图表元素的方法。

（1）打开"医疗费用统计"工作表，如图 5-69 所示。

（2）选中数据表中的任意一个单元格，单击"插入"选项卡中的"图表"组中的"数据透视图"按钮，弹出"创建数据透视图"对话框。

（3）Excel 默认选中整个数据表区域，单击"表 / 区域"文本框右侧的"选择"按钮，在数据表中选择数据区域 B2:H14；在"选择放置数据透视图的位置"区域中选中"新工作表"单选按钮，如图 5-70 所示，即可新建一个工作表放置数据透视图。

图 5-69　医疗费用统计表

图 5-70　设置"创建数据透视表"对话框

（4）单击"确定"按钮，Excel 将自动新建一个工作表，显示空白的数据透视表和数据透视图，并弹出"数据透视表字段"任务窗格，如图 5-71 所示。

创建空白的数据透视图之后，接下来通过添加"值"字段和"轴（类别）"字段在数据透视图中显示指定的数据。

（5）在"数据透视表字段"任务窗格中选中"医疗费用"和"报销金额"复选框，该字段自动添加到"值"列表框中，并在数据透视表和数据透视图中显示出来，如图 5-72 所示。

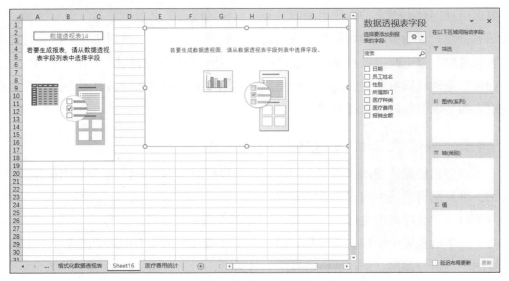

图 5-71　创建空白的数据透视表和数据透视图

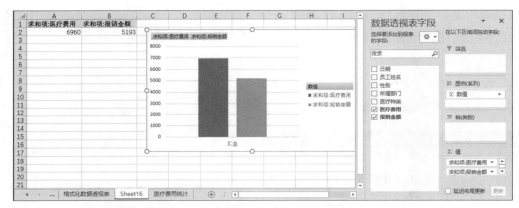

图 5-72　添加字段

（6）将"员工姓名"字段拖放到"轴（类别）"列表中，数据透视表和数据透视图也随之自动更新，如图 5-73 所示。

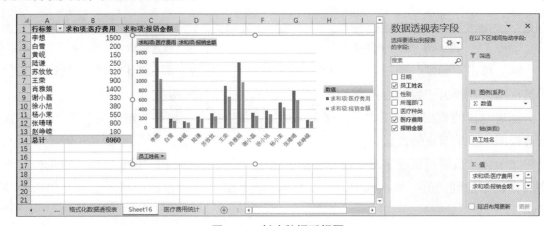

图 5-73　创建数据透视图

从图 5-73 可以看出，数据透视图有一个相关联的数据透视表。两个报表中的字段相互对应。如果更改了某一报表的某个字段位置，则另一报表中的相应字段位置也会改变。

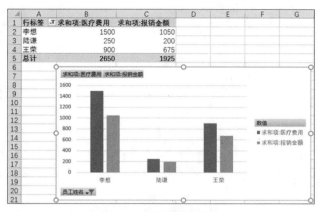

图 5-74　显示筛选结果

接下来设置数据透视图的显示数据项。

（7）单击数据透视图左下角"员工姓名"右侧的下拉按钮，在弹出的下拉菜单中取消选中"全选"复选框，然后选中"李想""陆谦"和"王荣"选项，单击"确定"按钮，数据透视表和数据透视图只显示被选中职工的数据行，如图 5-74 所示。

5.4.2　通过数据透视表创建数据透视图

对于已经创建了数据透视表的数据，可以直接使用已有的数据透视表创建数据透视图。

（1）打开已创建的数据透视表，如图 5-75 所示。

> 通过数据透视表创建数据透视图时，要确保数据透视表至少有一个行字段可作为数据透视图的分类字段，有一个列字段可作为透视图的系列字段。如果数据透视表为缩进格式，那么在创建图表之前，至少要将一个字段移到列区域。

（2）选中数据透视表中的任意一个单元格，单击"数据透视表工具 / 分析"选项卡中的"工具"组中的"数据透视图"按钮，弹出"插入图表"对话框。

（3）选择图表类型。在对话框左侧的列表中选择需要使用的图表类型，然后在对话框右侧选择具体的图表形式。例如，单击"三维簇状柱形图"图标，对话框底部会显示该图表的预览图，如图 5-76 所示。

（4）单击"确定"按钮，即可在工作表中插入数据透视图，如图 5-77 所示。

通过数据透视表创建数据透视图时，数据透视图的最初布局（即字段的位置）由数据透视表的布局决定。修改数据透视表的布局之后，数据透视图的布局也随之变化。

图 5-75　数据透视表

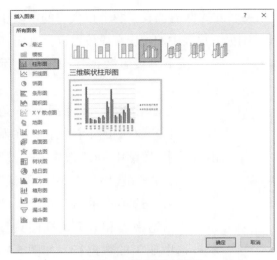

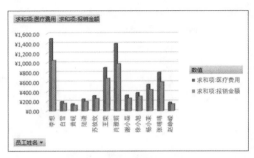

图 5-76　选择图表类型　　　　　　　　　图 5-77　插入数据透视图

5.4.3　美化数据透视图

为了使数据透视图更加美观，可以利用"数据透视图工具"选项卡中的各种功能，对数据透视图进行美化。

（1）打开通过数据区域创建的数据透视图，单击透视图左下角的"员工姓名"下拉按钮，在弹出的下拉菜单中选中"全选"复选框，取消筛选数据。

（2）选中数据透视图，单击"数据透视图工具／设计"选项卡中的"类型"组中的"更改图表类型"按钮，弹出"更改图表类型"对话框。在左侧列表中选择"饼图"选项，然后在右侧单击"复合条饼图"图标，如图 5-78 所示。

（3）单击"确定"按钮，关闭对话框，即可将数据透视图由默认的柱形图转换为复合条饼图，如图 5-79 所示。

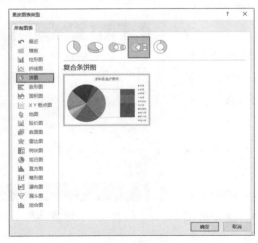

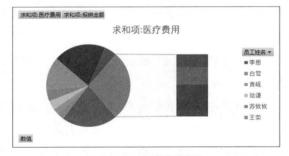

图 5-78　单击"复合条饼图"图标　　　　　图 5-79　复合条饼图

此时，数据透视图显示的数据并不直观，接下来套用图表样式，并添加数据标注。

（4）选中数据透视图，单击"数据透视图工具 / 设计"选项卡中的"图表样式"列表框右侧的下拉按钮，在弹出的下拉列表中选择"样式 9"选项，结果如图 5-80 所示。

（5）单击图表右侧的"图表元素"按钮，在弹出的下拉列表中单击"数据标签"右侧的级联按钮，在弹出的级联菜单中选

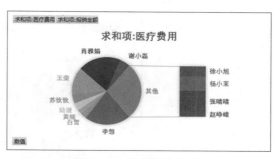

图 5-80　设置图表样式

择"数据标注"选项，为图表中的数据点添加数据标注，如图 5-81 所示。

从图 5-81 中可以看出，有些数据标注有部分重叠，不便于查看，需要调整标注的位置。

（6）双击要移动的数据标注，当鼠标指针变为"⬚"时，按住左键并拖动数据标注到合适的位置，然后释放鼠标左键。调整标注位置后的数据透视图如图 5-82 所示。

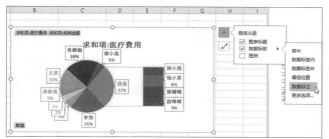

图 5-81　添加数据标注

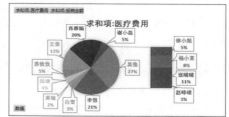

图 5-82　调整标注位置后的效果

图表上的字段按钮影响美观，接下来隐藏图表上的所有字段按钮。

（7）右击数据透视图，在弹出的快捷菜单中选择"显示字段列表"选项，弹出"数据透视图字段"任务窗格。在"值"列表框中选中任意一项，单击右侧的下拉按钮，在弹出的下拉菜单中选择"隐藏图表上的所有字段按钮"选项，如图 5-83 所示。

此时，图表上的所有字段按钮均被隐藏起来，如图 5-84 所示。

图 5-83　选择"隐藏图表上的所有字段按钮"选项

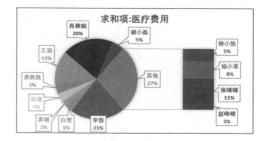

图 5-84　隐藏所有字段按钮的效果

（8）选中图表标题，修改标题文本为"员工医疗费用统计图"，并调整绘图区和图表的大小，效果如图 5-85 所示。

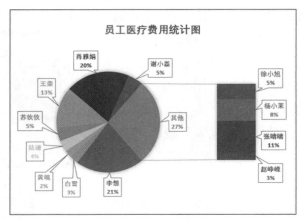

图 5-85　修改图表标题

接下来设置数据透视图图表区的格式。

（9）双击数据透视图的边框，弹出"设置图表区格式"任务窗格，设置填充方式为"图片或纹理填充"，然后单击"文件"按钮，在弹出的对话框中选择背景图片，效果如图 5-86 所示。

（10）选中图表标题并右击，在弹出的快捷菜单中选择"设置图表标题格式"选项，弹出"设置图表标题格式"任务窗格。设置标题填充方式为"纯色填充"，颜色为白色；边框样式为"实线"，颜色为黄色；选中标题文本，设置字体为"隶书"，字号为 20。此时的透视图效果如图 5-87 所示。

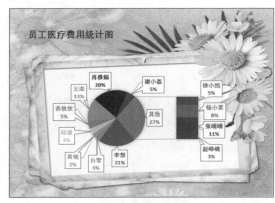

图 5-86　设置图表区的背景

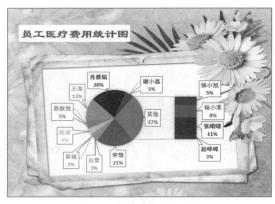

图 5-87　格式化透视图的效果

5.1.1　自动筛选　　　　　5.1.2　自定义筛选　　　　　5.1.3　高级筛选

5.2.1　简单分类汇总　　　5.2.2　高级分类汇总　　　　5.2.3　多级分类汇总

5.2.4　分级显示汇总结果　5.3.2　创建数据透视表　　　5.3.3　更改数据透视表的布局

5.3.5　格式化数据透视表　5.4.1　通过数据区域创建数据　5.4.2　通过数据透视表创建数据
　　　　　　　　　　　　　　　　透视图　　　　　　　　　　透视图

5.4.3　美化数据透视图

第6章 数据保护与共享

数据表制作好以后，通常要将其分发给其他用户查阅或处理。任何能够访问保存了共享工作簿的网络资源的用户，都可以访问共享工作簿，因此需要对工作簿进行保护。

6.1 数据保护——节水灌溉发展情况统计表

使用 Excel 管理财务、统计、预算等数据时，为了防止数据泄露或被非授权修改，有必要对数据保护进行有效的管理。

本节以保护某市节水灌溉发展情况统计表为例，讲解保护工作簿与工作表的操作方法。

6.1.1 保护工作簿的结构

工作簿包含重要的资料或数据时，为了防止数据泄漏或被恶意修改，通常需要对工作簿进行保护。不同的情况需要采用不同的保护方式。最简单直接的方式是设置密码，或将文档设置成只读。如果有需要，还可以为工作簿添加数字签名来实现版权保护。

（1）打开需要保护的工作簿，单击"文件"选项卡中的"信息"选项，在弹出的"信息"任务窗格中可以看到如图 6-1 所示的选项。

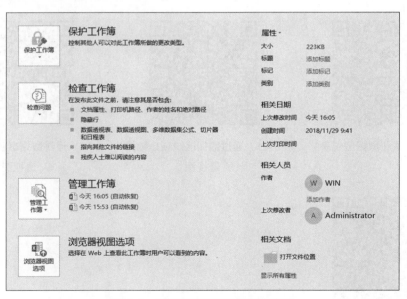

图 6-1 "信息"任务窗格中的选项

（2）单击"保护工作簿"按钮 ，弹出如图 6-2 所示的下拉菜单。

- 始终以只读方式打开：将工作簿设置为只读，不能进行更改。
- 用密码进行加密：需要输入密码才能打开此工作簿。选择该选项，弹出如图 6-3 所示的"加密文档"对话框。在"密码"文本框中输入密码，单击"确定"按钮，弹出"确认密码"对话框，再次输入密码。单击"确定"按钮，完成密码设置。

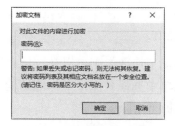

图 6-2　"保护工作簿"下拉菜单　图 6-3　"加密文档"对话框

　　　　　Excel 中的密码最多可以由 255 个字母、数字、空格或符号组成，且区分大小写。用户一定要牢记设置的密码，否则将不能再打开设置了密码保护的工作簿。

- 保护当前工作表：控制对当前工作表所做的更改类型。
- 保护工作簿结构：防止对工作簿结构进行更改，如添加工作表。
- 限制访问：授予用户访问权限，同时限制其编辑、复制和打印能力。这种方式需要设置权限管理服务器，适用于企业用户。
- 添加数字签名：通过添加不可见的数字签名以确保工作簿的完整性。这种保护方式主要是基于版本保护方面的考虑，其他人即使修改了工作簿中的内容，但数字签名依然是原作者的，这样可以防止劳动成果被他人窃取、据为己有。
- 标记为最终状态：将当前工作簿标记为最终版本，并将其设为只读，禁用输入、编辑功能和校对标记。

　　　　　这种保护方式并不能阻止别人修改工作表。单击编辑栏上方提示信息中的"仍然编辑"按钮，即可对工作表进行修改，此时状态栏中的"标记为最终状态"图标将会消失。

（3）选择"保护工作簿结构"选项，弹出如图 6-4 所示的"保护结构和窗口"对话框。

　　　　　单击"审阅"选项卡中的"保护"组中的"保护工作簿"按钮，也可以打开"保护结构和窗口"对话框。

保护工作簿的结构和窗口的好处在于，除了可以防止别人恶意修改工作簿内容，还可以防止其他用户执行移动、删除或添加工作表等操作。

（4）在"密码"文本框中设置保护密码，单击"确定"按钮，在弹出的"确认密码"对话框中再次输入密码，然后单击"确定"按钮，关闭对话框。

图 6-4 "保护结构和窗口"对话框

 密码区分大小写，若密码丢失或忘记，则无法恢复。

若要取消保护工作簿，则可以在"信息"任务窗格中单击"保护工作簿"按钮，然后在弹出的下拉菜单中选择"保护工作簿结构"选项，弹出"撤销工作簿保护"对话框，输入设置的密码，即可解除保护。

6.1.2 保护工作表

除了对工作簿进行保护，用户也可以对正在使用的工作表进行保护，限制其他人对工作表中的内容进行更改，或查看在工作表中隐藏的行或列等信息。

（1）单击"节水灌溉发展情况统计表"工作表标签，将其激活。单击"审阅"选项卡中的"保护"组中的"保护工作表"按钮，弹出"保护工作表"对话框，如图 6-5 所示。

在这里，可以对工作表中需要保护的内容进行非常详尽的设置。

（2）在"取消工作表保护时使用的密码"文本框中输入密码，选中"保护工作表及锁定的单元格内容"复选框，其他保持默认设置。单击"确定"按钮，弹出"确认密码"对话框，如图 6-6 所示。

 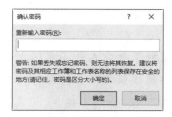

图 6-5 "保护工作表"对话框　图 6-6 "确认密码"对话框

选中"保护工作表及锁定的单元格内容"复选框后，用户将不能更改单元格中的内容，除非在保护工作表之前取消了对这些单元格的锁定；不能查看保护工作表之前隐藏的行或列，以及隐藏的单元格中的内容。

（3）在文本框中再次输入密码，单击"确定"按钮，工作表即处于被保护状态。

此时，若编辑工作表中的内容，将弹出不可编辑提示对话框，如图 6-7 所示。

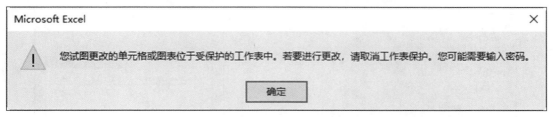

图 6-7 提示对话框

需要编辑处于保护状态的工作表时，必须撤销对工作表的保护。单击"审阅"选项卡中的"保护"组中的"撤销工作表保护"按钮，或在"信息"任务窗格中单击"取消保护"选项，弹出如图 6-8 所示的"撤销工作表保护"对话框。输入密码后，单击"确定"按钮，即可撤销对工作表的保护。

图 6-8 "撤销工作表保护"对话框

6.1.3 设置允许编辑区域

需要允许特定的某个或某些用户对工作表的特定区域进行编辑，可以设置允许编辑区域。

（1）激活要保护的工作表"节水灌溉发展情况统计表"，单击"审阅"选项卡中的"保护"组中的"允许编辑区域"按钮，弹出"允许用户编辑区域"对话框，如图 6-9 所示。

（2）单击"新建"按钮，弹出"新区域"对话框。在"标题"文本框中输入区域的标题"客户信息"；单击"引用单元格"文本框右侧的"折叠"按钮，在工作表中选择单元格区域 C3：E5；然后在"区域密码"文本框中输入密码，如图 6-10 所示。

图 6-9 "允许用户编辑区域"对话框　　图 6-10 "新区域"对话框

此时，所有用户都不具备访问指定区域的权限，接下来分配访问权限。

（3）单击"权限"按钮，弹出"区域 1 的权限"对话框，单击"添加"按钮，弹出"选择用户或组"对话框，如图 6-11 所示。

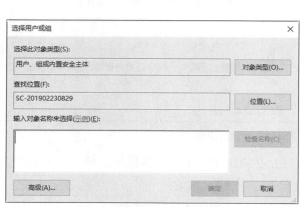

图 6-11 "选择用户或组"对话框

图 6-12 "区域 1 的权限"对话框

（4）输入允许编辑区域的用户名或用户组，单击"确定"按钮，关闭对话框，返回"区域 1 的权限"对话框，如图 6-12 所示。

（5）单击"确定"按钮，返回"新区域"对话框。单击"确定"按钮，弹出"确认密码"对话框，重新输入密码后，单击"确定"按钮，返回"允许用户编辑区域"对话框，如图 6-13 所示。

（6）单击"保护工作表"按钮，在弹出的"保护工作表"对话框中输入取消工作表保护使用的密码。单击"确定"按钮，在弹出的"确认密码"对话框中，再次输入密码，单击"确定"按钮，完成设置。

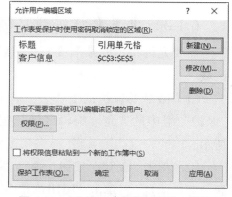

图 6-13 "允许用户编辑区域"对话框

此时，工作表处于保护状态，只有指定的用户可以编辑工作表指定区域的内容。

6.2 共享工作簿

共享工作簿能让用户与他人合作处理数据，方便审阅文件。

6.2.1 与人共享

在输入庞杂的数据时，可能需要多人协作才能完成。此时，就需要将文档存放在一个共享文件夹中，方便其他用户录入数据，且输入时录入的数据互不影响。

（1）打开要与人共享的工作簿，单击快速访问工具栏中的"保存"按钮，保存工作簿。

（2）单击"文件"选项卡中的"共享"选项，在弹出的"共享"任务窗格中选择"与人共享"选项，右方将显示详细的操作步骤，如图 6-14 所示。

图 6-14　选择"与人共享"选项

（3）按照提示，单击"保存到云"按钮，将文档保存到服务器上的共享文件夹中。

6.2.2　发送电子邮件

除了可以将工作簿保存到服务器中共享，还可以通过电子邮件将工作簿发送给他人，供他人审阅。

（1）打开要与他人共享的工作簿，单击快速访问工具栏中的"保存"按钮，保存工作簿。

（2）单击"文件"选项卡中的"共享"选项，在弹出的"共享"任务窗格中选择"电子邮件"选项，如图 6-15 所示。

（3）选择发送电子邮件的方式。

选择一种发送方式后，电子邮件程序将启动，用于发送工作簿。

图 6-15　选择"电子邮件"选项

6.1.1　保护工作簿的结构

6.1.2　保护工作表

6.1.3　设置允许编辑区域

第7章 设置与打印工作表

编辑好工作表之后，就可以将其打印出来并分发了。能否打印出整齐、美观的表格，打印设置很关键。本章介绍设置工作表版式的一些常用操作，如设置纸张大小和方向、页边距、页眉页脚，指定要打印的文档区域，设置表格的分页方式，定义工作表的背景等。设置好页面布局后，还可以实时预览打印效果，对文档进行打印设置。

7.1 设置工作表版式——服务发票

Excel 2019 在建立新文档时使用的默认的纸型、纸张方向、页边距等页面设置通常不能满足打印要求，使用"页面布局"选项卡中的"页面设置"组可以快捷地自定义页面布局，如图7-1所示。

本节以设置服务发票的版式为例，讲解设置工作表版式的操作方法。

图 7-1 "页面布局"选项卡

7.1.1 设置纸张方向和大小

（1）打开要设置页面的工作表，单击"页面布局"选项卡中的"页面设置"组中的"纸张方向"按钮，在弹出的下拉菜单中选择相应的选项来指定纸张方向，如图7-2所示。

（2）单击"页面设置"组中的"纸张大小"按钮，在弹出的下拉菜单中选择"B5"选项，如图7-3所示。

图 7-2 单击"纵向"命令

图 7-3 设置纸张大小为 B5

如果要设置打印质量，则要在"页面设置"对话框中进行设置。

（3）单击"页面布局"选项卡中的"页面设置"组右下角的扩展按钮 ，弹出"页面设置"对话框，如图7-4所示。

在这里，也可以设置纸张的大小和方向。

（4）在"打印质量"下拉列表中选择相应的选项指定打印的分辨率，如图7-5所示。

图7-4 "页面设置"对话框　　　　图7-5 设置打印质量

（5）单击"打印预览"按钮，即可预览工作表的打印效果，如图7-6所示。

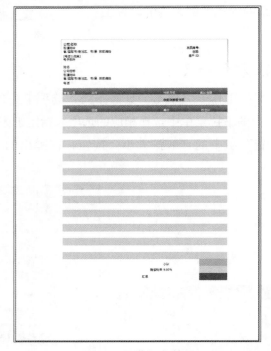

图7-6 预览打印效果

7.1.2 设置页边距

（1）单击"页面布局"选项卡中的"页面设置"组中的"页边距"按钮，弹出如图

7-7 所示的下拉菜单。

（2）选择想要使用的边距样式，即可应用指定的页边距。

如果预置的页边距不能满足需求，则可以自定义页边距，方法如下。

①选择"自定义边距"选项，弹出"页面设置"对话框。

②分别在"上""下""左""右"微调框中输入边距值。

设置边距时，在对话框中间的预览图中可以看到设置边距的效果。

③在"页眉"和"页脚"微调框中设置页眉和页脚高度。

④在"居中方式"区域选择打印内容在页面中居中的方式。默认的居中方式是水平居中，本例选中"水平"复选框，如图 7-8 所示。

图 7-7　预置的页边距选项

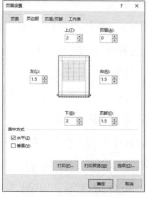
图 7-8　"页边距"选项卡

⑤设置完成后，单击"打印预览"按钮，页面预览效果如图 7-9 所示。

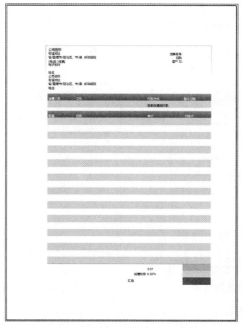
图 7-9　设置页边距之后的预览效果

自定义页边距之后，单击"页面布局"选项卡中的"页面设置"组中的"页边距"按钮，在弹出的下拉菜单中可以看到"自定义边距"，如图 7-10 所示。

7.1.3 设置页眉、页脚

页眉是在每一个打印页顶部显示的附加信息，用于展示工作表名称和标题等内容；页脚是在每一个打印页底部显示的附加信息，用于展示页号、打印日期和时间等。

（1）单击"页面布局"选项卡中的"页面设置"组右下角的扩展按钮 ，弹出"页面设置"对话框，切换到"页眉 / 页脚"选项卡，如图 7-11 所示。

在"页眉"和"页脚"下拉列表中可以选择预置的页眉和页脚样式，当然，用户也可以自定义页眉和页脚。

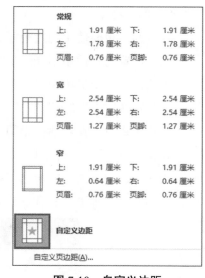

图 7-10 自定义边距

（2）单击"自定义页眉"按钮，弹出"页眉"对话框，将光标放在"左部"编辑框中，然后单击"插入图片"按钮 ，在弹出的对话框中选择需要的图片。

（3）单击"设置图片格式"按钮 ，在弹出的对话框中设置图片大小，剪切图片，控制图像的颜色、亮度和对比度等，如图 7-12 所示。设置完成后，单击"确定"按钮，返回"页眉"对话框。

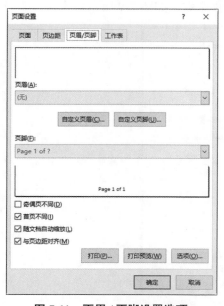

图 7-11 页眉 / 页脚设置选项

图 7-12 "设置图片格式"对话框

（4）在"中部"编辑框中输入"Freedom of Choice"，然后选中文本，单击"格式文本"按钮 ，在弹出的"字体"对话框中，设置字型为"加粗倾斜"，大小为 24，如图

7-13 所示。设置完成后，单击"确定"按钮，返回"页眉"对话框。

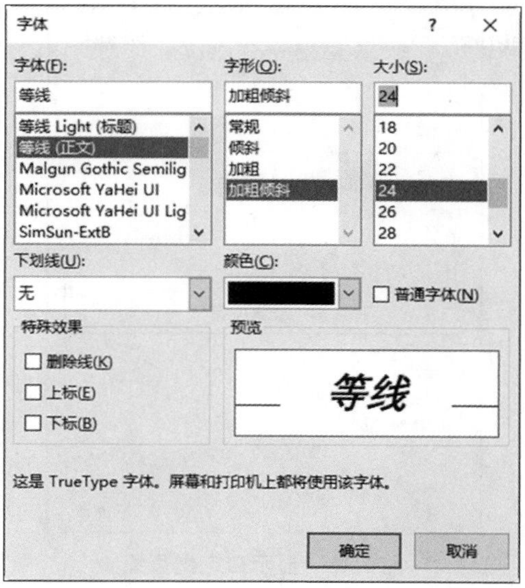

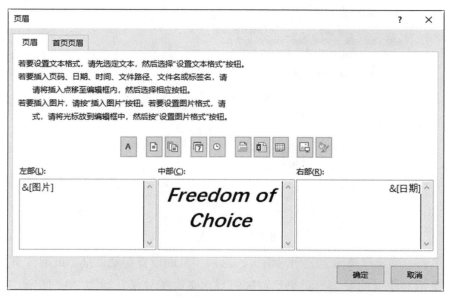

图 7-13　"字体"对话框

（5）将光标放在"右部"编辑框中，然后单击"插入日期"按钮，此时的"页眉"
对话框如图 7-14 所示。

图 7-14　自定义页眉

（6）单击"确定"按钮，返回"页面设置"对话框，此时"页眉"下拉列表中将显示
自定义的页眉，页眉预览区将显示页眉的效果，如图 7-15 所示。

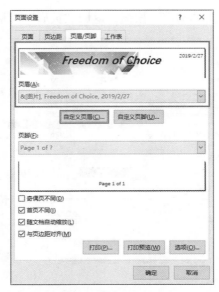

图 7-15　显示自定义页眉

（7）单击"自定义页脚"按钮，在弹出的"页脚"对话框中按同样的方法设置页脚，如图 7-16 所示。

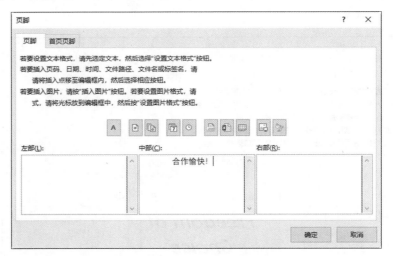

图 7-16　自定义页脚

（8）单击"确定"按钮，关闭对话框，返回"页面设置"对话框。此时"页脚"下拉列表中将显示自定义的页脚，页脚预览区将显示页脚的效果，如图 7-17 所示。单击"确定"按钮，关闭对话框。

（9）设置页眉、页脚的属性。本例取消选中"首页不同"复选框。

❑ 奇偶页不同：选中该复选框后，单击"自定义页眉"或"自定义页脚"按钮，在弹出的对话框中可以分别设置奇数页和偶数页的页眉、页脚。

❑ 首页不同：选中该复选框后，单击"自定义页眉"或"自定义页脚"按钮，在弹出的对话框中可以设置首页的页眉、页脚。

❑ 随文档自动缩放：缩放工作表时，页眉、页脚也随之自动缩放。

❑ 与页边距对齐：页眉、页脚与页边距对齐。

（10）设置完毕，单击"打印预览"按钮，预览页面效果，如图 7-18 所示。

图 7-17　"页眉 / 页脚"选项卡

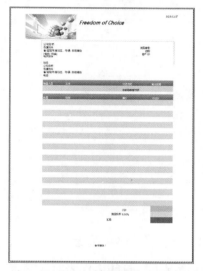

图 7-18　预览页眉、页脚的效果

教你一招： 以可视方式设置页眉、页脚

（1）单击"视图"选项卡中的"工作簿视图"组中的"页面布局"按钮，进入页面布局视图。

（2）将鼠标指针移到页眉位置，可以看到页眉分为左、中、右三个编辑区域。

（3）分别单击各个编辑区域，输入内容并格式化，效果如图 7-19 所示。

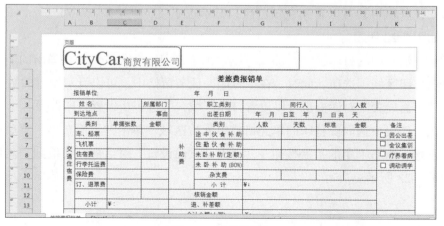

图 7-19　设置页眉

（4）将鼠标指针移到页脚位置，可以看到页脚也分为左、中、右三个编辑区域。分别单击各个编辑区域，输入内容并格式化，效果如图 7-20 所示。

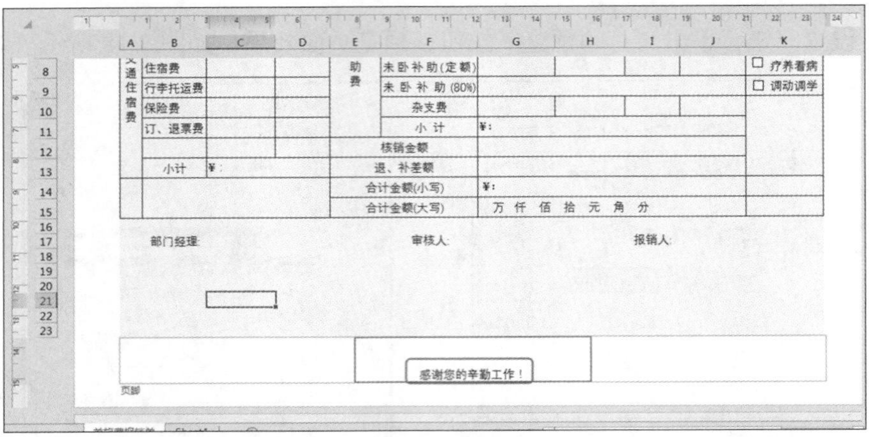

图 7-20　设置页脚

7.1.4　设置打印区域

在默认情况下，打印工作表时，整张工作表都会打印出来。如果只需要打印工作表的一部分数据，就要设置打印区域。

（1）在工作表中选取要打印的单元格区域 A1：F11。

（2）单击"页面布局"选项卡中的"页面设置"组中的"打印区域"按钮，在弹出的下拉菜单中选择"设置打印区域"选项，如图 7-21 所示。

（3）单击"文件"选项卡中的"打印"选项，弹出"打印"任务窗格，可以看到在预览区只显示选中的区域，如图 7-22 所示。

图 7-21　选择"设置打印区域"选项

如果要取消选中的打印区域，那么可以单击"打印区域"按钮，在弹出的下拉菜单中选择"取消打印区域"选项。此时，在"打印"任务窗格中，可以看到所有的数据。

使用"页面设置"对话框也可以设置打印区域，并进一步设置打印选项。

（1）在工作表中选取要打印的单元格或单元格区域。单击"页面布局"菜单选项卡中的"页面设置"组右下角的扩展按钮，弹出"页面设置"对话框，切换到"工作表"选项卡，如图 7-23 所示。

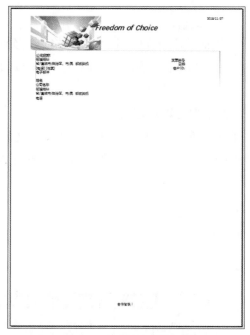

图 7-22　预览设置效果

图 7-23　"工作表"选项卡

（2）单击"打印区域"文本框右侧的"选择"按钮，然后在工作表中选取要设置为打印区域的单元格区域。

（3）单击"打印预览"按钮，预览打印效果。

教你一招： 设置多个打印区域

设置多个打印区域的常用方法有以下几种。

（1）在选择打印区域时，按下【Ctrl】键，选择多个区域，然后单击"打印区域"按钮，在弹出的下拉菜单中选择"设置打印区域"选项。

（2）设置好一个打印区域之后，在工作表中选取单元格或区域，再次单击"打印区域"按钮，在弹出的下拉菜单中选择"添加到打印区域"选项，如图 7-24 所示。

图 7-24　选择"添加到打印区域"选项

（3）打开"页面设置"对话框，切换到"工作表"选项卡，在"打印区域"文本框中直接输入单元格区域引用，单元格区域引用之间用逗号分隔。

若采用以上三种方法设置多个打印区域，则打印时每个区域显示在单独的一页中。若要将多个打印区域打印在一张纸上，则要将这几个区域复制到同一个工作表中，然后再打印。

7.1.5 自定义分页

如果数据行或数据列太多，不能在一页中完全显示，Excel 将自动对表格进行分页。单击"视图"选项卡中的"工作簿视图"组中的"分页预览"按钮，可以查看 Excel 自动分页的效果，如图 7-25 所示。

Excel 自动分页的效果通常不能满足打印要求，用户可以自定义分页位置。

（1）选中要放置分页符的单元格 A14，单击"页面布局"选项卡中的"页面设置"组中的"分隔符"按钮，在弹出的下拉菜单中选择"插入分页符"选项，如图 7-26 所示。

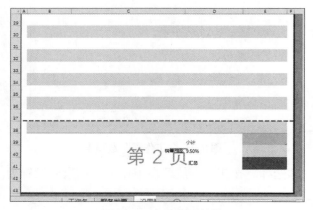

图 7-25　自动分页效果　　　　　　图 7-26　选择"插入分页符"选项

此时，在单元格 A14 左上角将显示两条互相垂直的灰色直线，也就是说，同时在单元格左上方创建水平和竖直分页符。

（2）单击"视图"选项卡中的"工作簿视图"组中的"分页预览"按钮，可以更直观地查看分页效果，如图 7-27 所示。蓝色粗实线表示分页符。

（3）将鼠标指针移到分页符上，当指针变为双向箭头 ↔ 或 ↕ 时，按住鼠标左键并拖动，即可改变分页符的位置。

（4）将分页符拖动到工作表之外，或者单击"页面布局"选项卡中的"页面设置"组中的"分页符"按钮，在弹出的下拉菜单中选择"删除分页符"选项（见图 7-28），即可删除指定的分页符；选择"重设所有分页符"选项，即可删除当前工作表中的所有分页符。

（5）单击"视图"菜单选项卡中的"工作簿视图"组中的"普通"按钮，即可退出分页预览视图。

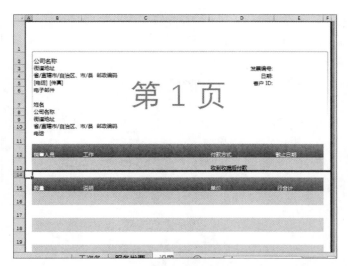

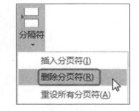

图 7-27　分页预览效果　　　　　　　图 7-28　选择"删除分页符"选项

7.1.6　设置工作表的背景

使用"页面设置"选项卡中的"背景"按钮，可以在工作表中插入背景图像，使工作表看起来更加美观。读者需要注意的是，背景图像并不能随工作表打印输出。

（1）单击"页面布局"选项卡中的"页面设置"组中的"背景"按钮，弹出"插入图片"对话框，如图 7-29 所示。

图 7-29　"插入图片"对话框

（2）单击图片存储位置右侧的"浏览"按钮，弹出如图 7-30 所示的"工作表背景"对话框。也可以在"插入图片"对话框中输入图片的关键词，在"必应"上搜索联机图片，如图 7-31 所示。

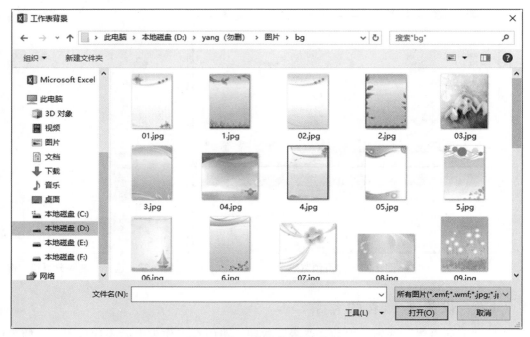

图 7-30　"工作表背景"对话框

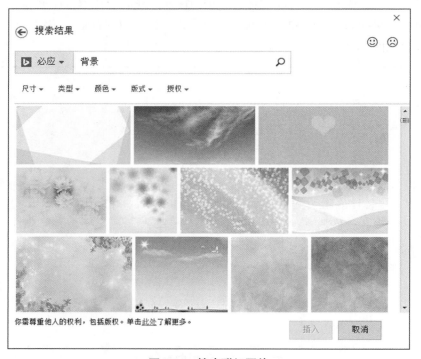

图 7-31　搜索联机图片

（3）选择要插入的背景图片，单击"打开"按钮（或选中联机图片后，单击"插入"按钮），图片将插入到表格数据的底部作为工作表的背景，效果如图 7-32 所示。

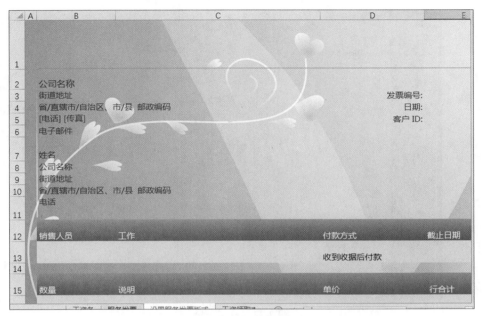

图 7-32 插入工作表背景后的效果

（4）单击"文件"菜单选项卡中的"打印"选项，查看打印预览效果。可以看到，工作表背景并不显示。

教你一招： 打印工作表的背景图像

　　工作表的背景图像不能被打印出来，要想将图片以工作表底纹的形式打印输出，可以将图片以页眉的形式插入到工作表中。

7.2　打印 Excel 文档——工资领取表

设置好工作表的版式之后，就可以将工作表打印出来分发了。本节以打印工资领取表为例，讲解打印工作表的操作方法。

7.2.1　打印预览

Excel 工作表中的数据较多，所以打印时非常讲究，在打印之前检查工作表是很必要的。检查工作表的打印外观时可以使用 Excel 的"打印预览"功能。

（1）打开"工资领取表"，单击"文件"选项卡中的"打印"选项，即可进入如图 7-33 所示的打印预览窗口。

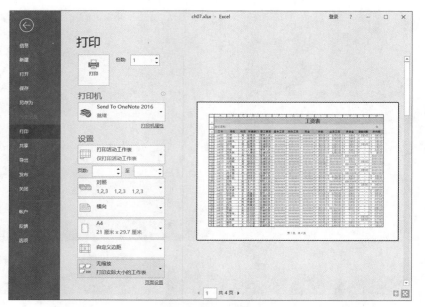

图 7-33　打印预览

左侧显示打印属性，右侧显示预览窗格。

（2）单击预览区域底部的"上一页" ◀ 和"下一页"按钮 ▶，即可翻看要打印的页面，如图 7-34 所示。

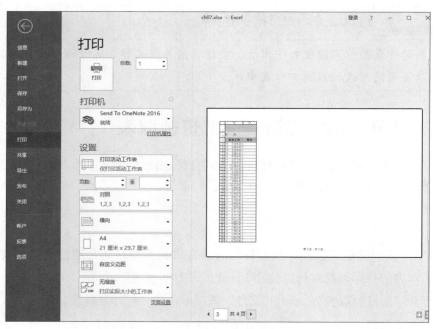

图 7-34　查看下一页的预览效果

（3）单击右下角的"显示边距"按钮 ⊞，预览页将会显示打印边距，如图 7-35 所示。

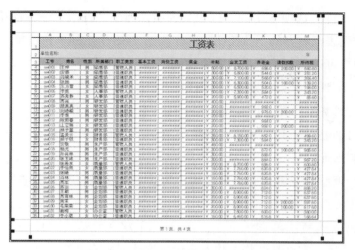

图 7-35　显示打印边距

（4）单击右下角的"缩放到页面"按钮，即可在页面全局视图和局部视图之间进行切换。

7.2.2　设置打印范围

Excel 默认仅打印活动工作表，不打印当前工作簿中的其他工作表。通过设置打印范围，可以打印整个工作簿，或仅打印当前选定区域。

单击"文件"菜单选项卡中的"打印"选项，弹出"打印"任务窗格。通过"设置"区域的第一个下拉列表框可以设置打印范围，如图 7-36 所示。

如果选择"忽略打印区域"选项，就可以取消设置的打印区域，打印整个活动工作表。

除了以上几种打印范围，还可以打印指定页码范围内的工作表数据，如图 7-37 所示。

图 7-36　选择打印范围

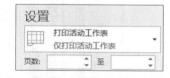

图 7-37　设置要打印的起始页码和终止页码

7.2.3　缩放打印

有时希望将整个工作表打印在一页中，这时就需要对工作表进行缩放。

（1）单击"文件"选项卡中的"打印"选项，弹出"打印"任务窗格。单击"设置"区域底部的下拉列表框右方的下拉按钮，弹出如图 7-38 所示的下拉菜单。

在这里，用户可以设置工作表的缩放比例。

☐ 无缩放：按照工作表的实际大小打印。

☐ 将工作表调整为一页：将工作表缩小到一个页面中打印输出。

☐ 将所有列调整为一页：将工作表缩小为一个页面宽，可能会将一页不能显示的行拆分到其他页。

☐ 将所有行调整为一页：将工作表缩小为一个页面高，可能会将一页不能显示的列拆分到其他页。

☐ 自定义缩放选项：单击该命令，弹出如图 7-39 所示的"页面设置"对话框。在"缩放"区域，可以指定将工作表按比例缩放，或调整为一个页宽或一个页高。

图 7-38 设置缩放比例　　　　　　　图 7-39 "页面设置"对话框

（2）选择"将所有列调整为一页"选项，此时的打印预览效果如图 7-40 所示。

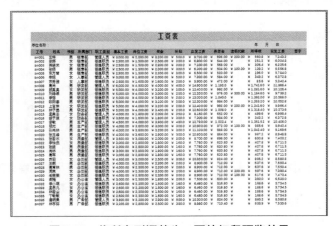

图 7-40 将所有列调整为一页的打印预览效果

7.2.4 打印标题

如果工作表中的数据不能在一页中完全显示，Excel 将自动分页，将第一页不能显示的数据放到后面的页中显示，如图 7-41 所示。

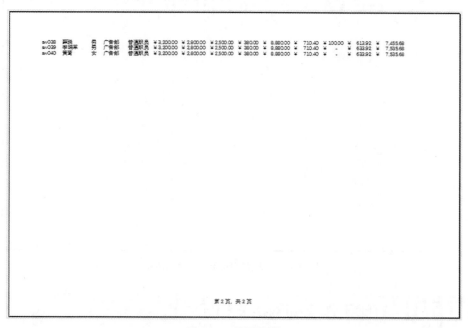

图 7-41 页面预览

通过图 7-41 可以看到，此页显示的只有数据行，单独查看此页并不能了解各个数据项的意义。通过设置打印标题可以解决这个问题。

（1）单击"页面布局"选项卡中的"页面设置"组中的"打印标题"按钮，弹出"页面设置"对话框。

（2）在"打印标题"区域，单击"顶端标题行"文本框右侧的"选择"按钮，然后在工作表中选择标题行区域，如图 7-42 所示。

（3）单击"打印预览"按钮，切换到"打印"任务窗格，在预览区域单击"下一页"按钮翻看其他页。可以看到，所有页都显示了设置的标题，第 2 页的效果如图 7-43 所示。

图 7-42 "页面设置"对话框

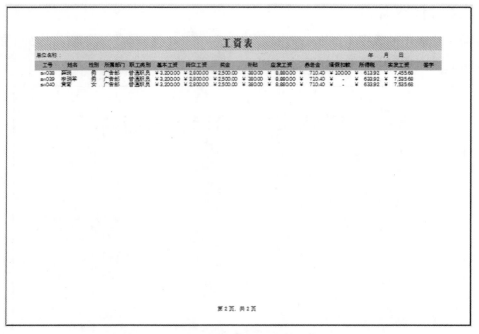

图 7-43　设置打印标题后的效果

教你一招：　打印工作表的网格线和标题

　　在默认情况下，Excel 工作表中的网格线和标题均不会被打印出来。

　　选项"页面布局"选项卡中的"工作表选项"组中的"网格线"下方的"打印"复选框（见图 7-44），就会打印出数据表格位置的网格线。选中"标题"下方的"打印"复选框，就会打印出数据区域的标题。设置了打印网格线和标题的表格的打印预览效果如图 7-45 所示。

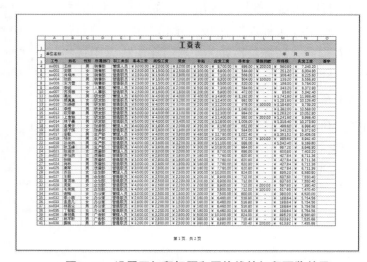

图 7-44　打印网格线　　　　图 7-45　设置了打印标题和网格线的打印预览效果

7.2.5　打印文件

文件设置符合要求后，即可打印文件，操作步骤如下。

（1）打开"打印"任务窗格。

（2）按照前面几节介绍的方法设置打印范围、打印份数和打印机属性等选项，如图 7-46 所示，然后单击"打印"按钮 ，即可打印文件。

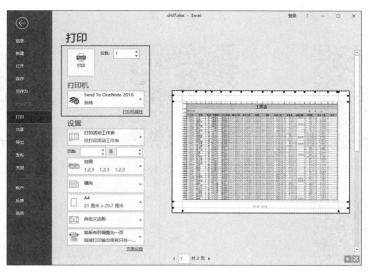

图 7-46　设置打印份数和打印机

教你一招：　不打印工作表中的图形对象

（1）在工作表中选中不需要打印的图形对象（如一个形状）并右击，在弹出的快捷菜单中选择"大小和属性"选项，弹出"设置形状格式"任务窗格。

（2）在"属性"区域，取消选中"打印对象"复选框，如图 7-47 所示。

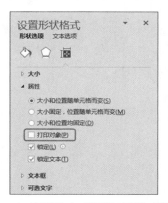

图 7-47　取消选中"打印对象"复选框

此时，执行打印操作，该形状不会被打印输出。

7.1.1　设置纸张方向和大小

7.1.2　设置页边距

7.1.3　设置页眉、页脚

7.1.4　设置打印区域

7.1.5　自定义分页

7.1.6　设置工作表的背景

7.2　打印 Excel 文档——工资
　　　领取表

第2篇

PowerPoint 办公应用篇

本篇主要介绍 PowerPoint 2019 的一些基础知识以及行政人员日常办公中的应用一些实例，具体包括 PowerPoint 2019 基本操作，加工处理文本，应用多媒体对象，统一演示文稿风格，修饰演示文稿和展示幻灯片等知识。

第8章　PowerPoint 2019 基本操作

PowerPoint 是 Office 办公套件中的一个组件，集文字、图形、图像、声音以及视频剪辑等多媒体元素于一体。用 PowerPoint 可以创建形象生动、图文并茂的幻灯片，常用于产品介绍、方案展示、教学讲座、广告宣传等领域。

8.1　认识演示文稿

PowerPoint 文档叫作演示文稿，一般由多张幻灯片构成，主要用于演讲汇报、授课培训、项目交流、产品演示、广告宣传等。演示文稿不仅可以通过计算机屏幕或投影仪进行演示，还可以在互联网上展示，或者打印出来，应用到更广泛的领域。

一个完整的演示文稿通常包含片头动画、封面、前言、目录、过渡页、图表页、图片页、文字页、封底、片尾动画等。不同用途的演示文稿的制作重点也不一样，例如，演讲辅助类演示文稿的主要内容是文字和图片；自动展示类演示文稿通常图文并茂，包含大量的动画、音频和视频。

8.1.1　创建演示文稿

在 PowerPoint 2019 中创建一个演示文稿最简便的方法是在开始屏幕或"新建"任务窗格中选择一种文档布局。

（1）启动 PowerPoint 2019，进入开始屏幕，或者单击"文件"选项卡，中的"新建"选项，弹出如图 8-1 所示的"新建"任务窗格。

在 PowerPoint 2019 中可以创建一个空白的演示文稿，也可以使用 PowerPoint 预置的模板创建一个包含基本布局和格式的演示文稿。

（2）单击"空白演示文稿"图标，即可创建一个空白的演示文稿。

创建的空白演示文稿除了黑色和白色，不包含其他任何

图 8-1　"新建"任务窗格

颜色，也不包括任何形式的样式，它适用于对演示文稿的内容和结构比较熟悉的用户，用户可以充分发挥自己的创造力。

对初学者来说，要想创作出专业水准的演示文稿，最好使用模板。模板已设计好结构方案，包括色彩搭配、背景对象、文本格式和版式等，用户只需要输入内容，而不用设计文稿的版式和布局。

（3）单击一个模板图标，弹出如图 8-2 所示的对话框，可以从中选择配色方案。

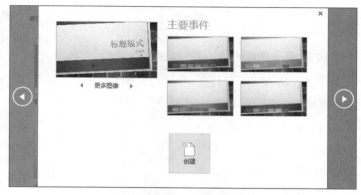

图 8-2　选择模板样式

 并不是选择每种模板都会弹出如图 8-2 所示的对话框。

（4）单击"创建"按钮，即可下载模板，并创建一个基于该模板的演示文稿，如图 8-3 所示，新演示文稿的第一张幻灯片显示在窗口中。

在模板列表中找不到合适的模板样式时，可以通过"新建"任务窗格顶部的搜索框搜索更多联机模板。

图 8-3　基于模板创建的演示文稿

 单击快速访问工具栏中的"新建"按钮□，也可创建一个空白演示文稿。在默认情况下，快速访问工具栏中不显示"新建"按钮□。单击快速访问工具栏右侧的"自定义快速访问工具栏"按钮 ，在弹出的下拉菜单中选择"新建"选项，即可将该按钮添加到快速工具栏上。

幻灯片版式的结构图中包括许多矩形虚线框，这些虚线框也称占位符，可以用于填入标题、文本、图片、图表、SmartArt 和表格等。所有的占位符都有提示文字，按照文字提示即可修改演示文稿内容。例如，单击占位符"单击此处添加标题"，即可进入文本输入模式。

8.1.2 打开、关闭演示文稿

打开和关闭是制作演示文稿时最基础的操作。

（1）单击"文件"选项卡中的"打开"选项，或按快捷键【Ctrl+O】，弹出如图 8-4 所示的"打开"任务窗格。

（2）在位置列表中选择文件所在的位置，然后在弹出的"打开"对话框中打开想要的演示文稿，单击"打开"按钮，即可打开指定的演示文稿。

需要尚未保存的演示文稿时，可以单击"打开"任务窗格底部的"恢复未保存的演示文稿"按钮。

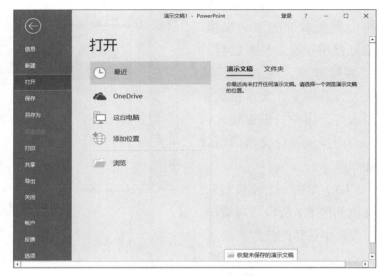

图 8-4 "打开"任务窗格

教你一招： 快速打开多个演示文稿

> 在 Windows 资源管理器中，双击要打开的演示文稿，即可启动 PowerPoint 并打开该演示文稿。
>
> 如果要同时打开多个演示文稿，可以先选中多个演示文稿，然后右击，在弹出的快捷菜单中选择"打开"选项，即可启动 PowerPoint 并打开选中的所有演示文稿。

将不再需要的文件及时关闭，既可节约内存，也可以防止误操作。关闭演示文稿常用的方法有以下两种：

❑ 单击"文件"选项卡中的"关闭"选项；

❑ 按快捷键【Ctrl+F4】。

单击 PowerPoint 程序窗口右上角的"关闭"按钮时，演示文稿将被关闭，PowerPoint 程序也会退出。

8.1.3 保存演示文稿

在编辑演示文稿的过程中随时保存演示文稿是一个很好的习惯，这样做可以避免由于断电等意外导致数据丢失。

保存文稿的常用方法有以下三种：

- 单击快速访问工具栏中的"保存"按钮；
- 按快捷键【Ctrl+S】；
- 单击"文件"选项卡中的"保存"选项。

如果演示文稿已经保存过，那么执行以上操作时 PowerPoint 将用新内容覆盖原先的内容；如果之前尚未保存演示文稿，则会弹出"另存为"任务窗格，用户需要指定演示文稿的保存路径和名称。

教你一招：　加密保存演示文稿

在保存重要的演示文稿时，可以设置打开或修改演示文稿的密码。

（1）单击"文件"选项卡中的"另存为"选项，在弹出"另存为"任务窗格中单击保存位置，弹出"另存为"对话框。

（2）单击"工具"按钮，在弹出的下拉菜单中选择"常规选项"选项，如图 8-5 所示。

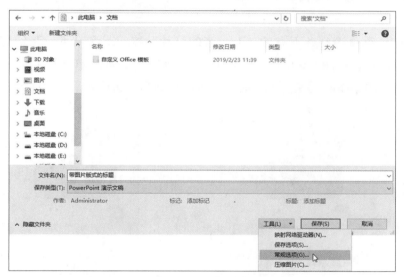

图 8-5　选择"常规选项"选项

（3）弹出如图 8-6 所示的"常规选项"对话框，设置打开权限密码和修改权限密码。

在加密保存时，还可以设置是否自动删除在文件中创建的个人信息。

（4）单击"确定"按钮，关闭对话框。

再次打开该演示文稿时，PowerPoint 会弹出一个对话框，要求用户输入密码。

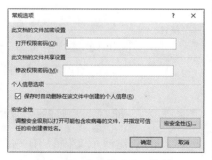

图 8-6　"常规选项"对话框

8.2 演示文稿的基本操作

演示文稿由幻灯片组成，创建好演示文稿之后，就可以进行插入、移动、复制、删除幻灯片等基本操作，也可以在两个演示文稿之间移动和复制幻灯片。

8.2.1 定位幻灯片

制作演示文稿，首先要定位到要编辑的幻灯片。

在普通视图或幻灯片浏览视图中，单击幻灯片缩略图，即可选中指定的幻灯片，如图 8-7 所示。

在"大纲"视图中，单击幻灯片编号右侧的图标即可选中幻灯片，如图 8-8 所示。

图 8-7 在"普通"视图中定位幻灯片

使用工作区垂直滚动条下方的"上一张幻灯片"按钮 ⏫ 和"下一张幻灯片"按钮 ⏬ 也可以定位幻灯片，如图 8-9 所示。键盘上的【PgUp】键和【PgDn】键也有同样的功能。另外，按键盘上的【Home】键或【End】键可以转到第一张或者最后一张幻灯片。

图 8-8 在"大纲"视图中定位幻灯片

图 8-9 垂直滚动条上的导航按钮

 需要选中多张幻灯片时，先选中一张幻灯片，然后按住键盘上的【Shift】键，单击另一张幻灯片，即可选中两张幻灯片之间（包含这两张幻灯片）的所有幻灯片。如果按住【Ctrl】键，则可选中不连续的多张幻灯片。

8.2.2 新建、删除幻灯片

默认的新建演示文稿只有一张幻灯片，执行以下操作可插入幻灯片。

（1）在"普通"视图中，单击要插入新幻灯片的位置。例如，要在第一张和第二张幻灯片之间插入幻灯片，则单击两张幻灯片缩略图之间的空白位置，此时，单击的位置出现一条橙色的横线，标记要插入的位置，如图 8-10 所示。

（2）右击，在弹出的快捷菜单中选择"新建幻灯片"选项，即可插入一张空白的幻灯片，且幻灯片重新编号，如图 8-11 所示。

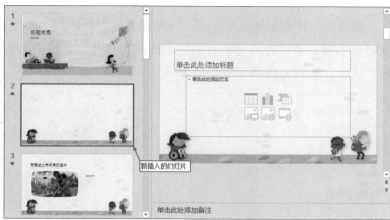

图 8-10　定位要插入的位置　　　　　　图 8-11　新插入的幻灯片

在幻灯片缩略图上右击，在弹出的快捷菜单中选择"新建幻灯片"选项，即可选中幻灯片的下方新建一张幻灯片。使用同样的方法，可以在"大纲"视图中新建幻灯片。

新建的幻灯片默认使用与上一张幻灯片（非标题幻灯片）相同的版式。需要修改新建幻灯片的版式时，可以在选择插入点后，单击"开始"选项卡中的"幻灯片"组中的"新建幻灯片"下方的下拉按钮，在弹出的下拉菜单选项中选择新幻灯片的版式，如图 8-12 所示。

（3）新建幻灯片后，单击"开始"选项卡中的"幻灯片"组中的"版式"按钮，也可以修改幻灯片的版式，如图 8-13 所示。

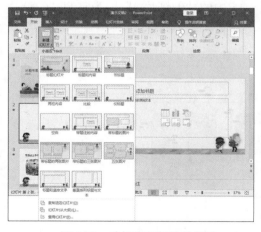

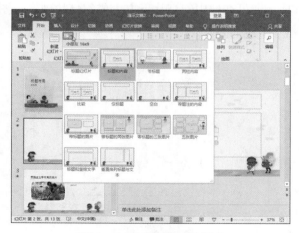

图 8-12　选择新幻灯片的版式　　　　　　图 8-13　修改幻灯片的版式

此外，PowerPoint 2019 支持从大纲插入幻灯片。在如图 8-13 所示的下拉菜单中选择"幻灯片（从大纲）"选项，弹出如图 8-14 所示的"插入大纲"对话框，用户可以浏览并选取 Word 文档、文本文件和 RTF 等多种格式的文档作为大纲，并将其插入当前演示文稿。

> 如果插入的大纲的层次多于五层，PowerPoint 2019 会自动将第五层以下的内容转换成第五层的内容。

删除幻灯片有多种操作方法，一种方法是选中要删除的幻灯片之后，直接按键盘上的【Delete】键；另一种方法是右击要删除的幻灯片，在弹出的快捷菜单中选择"删除幻灯片"选项，如图 8-15 所示。

图 8-14 "插入大纲"对话框

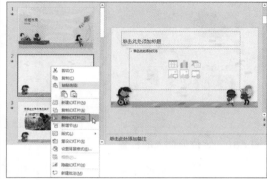

图 8-15 选择"删除幻灯片"选项

删除幻灯片后，其他幻灯片将自动重新编号。

8.2.3 复制、移动幻灯片

演示文稿中有版式或内容相同的多张幻灯片时，复制幻灯片可以提高工作效率。

（1）选择要复制的一张或多张幻灯片。

（2）按快捷键【Ctrl+Shift+D】；或右击，在弹出的快捷菜单中选择"复制幻灯片"选项，即可在选中幻灯片下方生成幻灯片副本，图 8-16 中的"幻灯片 4"即为复制"幻灯片 3"生成的副本。

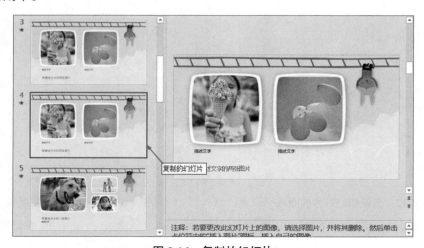

图 8-16 复制的幻灯片

需要在其他位置生成幻灯片副本时，首先右击要复制的幻灯片，在弹出的快捷菜单中选择"复制"选项，然后右击要生成副本的位置，在弹出的快捷菜单中的选择"保留源格式"选项，如图 8-17 所示。

图 8-17　选择"保留源格式"选项

需要调整幻灯片的播放顺序时，就要移动幻灯片。在 PowerPoint 2019 中移动幻灯片的操作也很简单。

按住鼠标左键拖动选中的幻灯片移至目标位置（见图 8-18），释放鼠标左键，即可移动幻灯片到指定位置，幻灯片序号将自动重新编号，如图 8-19 所示。

图 8-18　移动幻灯片到目标位置

图 8-19　幻灯片重新编号

如果在拖动幻灯片的同时按住键盘上的【Ctrl】键，则可复制幻灯片到指定的位置。

教你一招：在不同演示文稿之间复制幻灯片

（1）打开要操作的所有演示文稿。

（2）单击"视图"选项卡中的"窗口"组中的"全部重排"按钮，所有演示文稿将并排堆叠展示，如图 8-20 所示。

（3）选中要移动或复制的一张或多张幻灯片，用鼠标将其拖动至目标演示文稿，即可复制幻灯片，且副本下方会显示粘贴选项。将右侧演示文稿中选中的幻灯片拖动到左侧演示文稿的某处，即可复制幻灯片，且自动套用右侧演示文稿的主题，如图 8-21 所示。

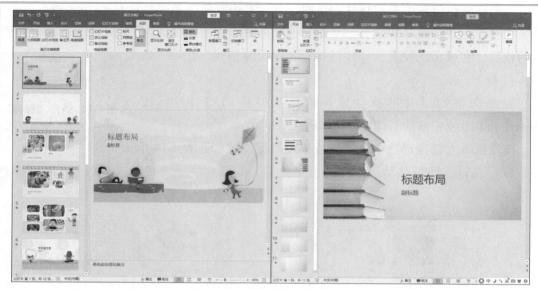

图 8-20　全部重排后的演示文稿

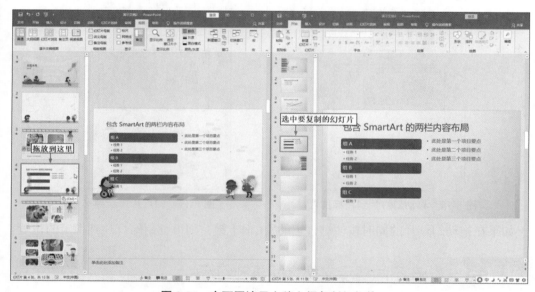

图 8-21　在不同演示文稿之间复制幻灯片

　　粘贴选项默认为"使用目标主题",因此复制的幻灯片副本的版式默认与源幻灯片的版式一样,但配色和背景等主题使用目标幻灯片的格式。如果选择"保留源格式"选项,则副本的版式和主题与源幻灯片相同,如图 8-22 所示。

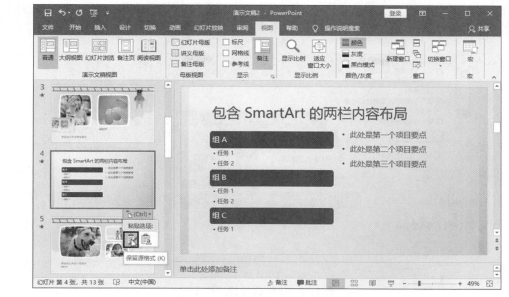

图 8-22　保留源格式的幻灯片副本

教你一招：合并演示文稿中的幻灯片

　　需要将其他演示文稿中的多张幻灯片复制到当前演示文稿中时，除了复制幻灯片，更简单的方法是使用比较功能合并幻灯片。

　　（1）打开一个演示文稿，单击"审阅"选项卡中的"比较"组中的"比较"按钮，弹出"选择要与当前演示文稿合并的文件"对话框。

　　（2）在文件列表中选择要合并的演示文稿，单击"合并"按钮，弹出"修订"任务窗格，幻灯片缩略图顶部将显示"审阅"图标，如图 8-23 所示。

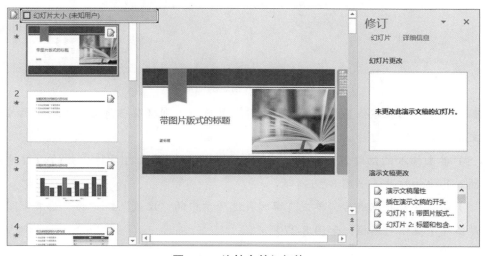

图 8-23　比较合并幻灯片 1

（3）单击空白处，然后单击"审阅"图标 📝 右侧的图标 📝，弹出待合并幻灯片列表框，如图 8-24 所示。

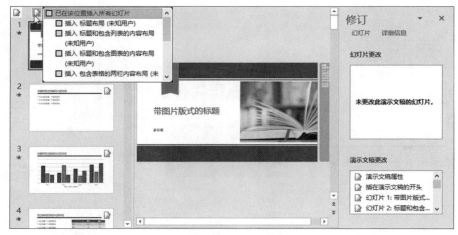

图 8-24　比较合并幻灯片 2

（4）在列表框中选中要插入的幻灯片左侧的复选框，即可插入指定幻灯片，幻灯片下方将显示"审阅"图标 📝，如图 8-25 所示。

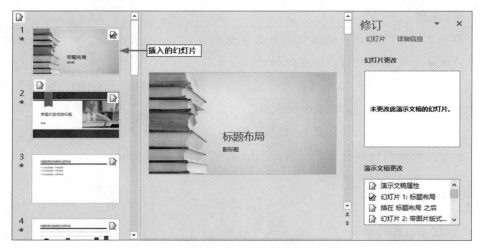

图 8-25　插入指定的幻灯片

如果选中"已在该位置插入所有幻灯片"复选框，则将在当前演示文稿中插入选中演示文稿中的所有幻灯片。

（5）单击插入的幻灯片底部的"审阅"图标 📝，可再次打开待合并的幻灯片列表框，插入其他幻灯片，如图 8-26 所示。

（6）幻灯片合并完成后，单击"审阅"选项卡中的"比较"组中的"结束审阅"按钮，弹出一个提示对话框，如图 8-27 所示。

图 8-26　合并其他幻灯片

图 8-27　提示对话框

（7）单击"是"按钮，关闭对话框，即可在当前演示文稿中合并选中的幻灯片。

8.2.4　切换视图

视图是在 PowerPoint 中加工演示文稿的工作环境。PowerPoint 能够以不同的视图显示演示文稿的内容，使演示文稿更易于浏览、编辑。

在"视图"选项卡中的"演示文稿视图"组中，可以看到 PowerPoint 2019 提供了多种基本的视图方式，如普通视图、大纲视图、幻灯片浏览视图、备注页视图和阅读视图，如图 8-28 所示。

在状态栏上也可以看到切换视图方式的按钮，如图 8-29 所示。

图 8-28　演示文稿视图

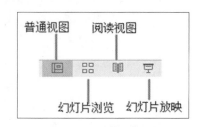

图 8-29　视图切换按钮

每种视图都有独特的显示方式，包含特定的工作区、菜单命令、按钮和工具栏等组件。在一种视图中对演示文稿的修改和加工会自动反映在该演示文稿的其他视图中。

（1）普通视图

普通视图是 PowerPoint 2019 默认的视图，在该视图中可以对单张幻灯片的内容进行编排与格式化，如插入文本、图像，处理声音、动画及视频等，如图 8-30 所示。

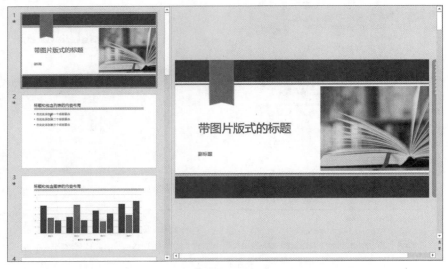

图 8-30　普通视图

在普通视图中，还可以直接编辑演示文稿的批注、备注等内容，浏览幻灯片的缩略图，快速定位要编辑的幻灯片。

（2）大纲视图

大纲视图按顺序和幻灯片内容的层次关系，显示组成演示文稿大纲的各个幻灯片的编号、标题和主要的文本信息，常用于组织和创建演示文稿的内容，如图 8-31 所示。

图 8-31　大纲视图

大纲视图的左窗格用于显示、编辑当前演示文稿的大纲，它由每张幻灯片的标题和对应的层次小标题组成。幻灯片的标题是该幻灯片要论述的观点，显示在数字编号和图标右侧，每一级标题均左对齐，下一级标题自动缩进。层次小标题是对相应幻灯片标题的进一步说明，是幻灯片的主体部分。右上窗格用于预览幻灯片，右下窗格用于添加备注内容。拖动窗格的分隔线即可调整窗格的尺寸。

在该视图中，可以任意改变幻灯片在演示文稿中的位置，改变幻灯片内容的层次关系，甚至将某个幻灯片中的内容移动到其他幻灯片中。

（3）幻灯片浏览视图

在幻灯片浏览视图中，幻灯片按次序排列，用户可以预览整个演示文稿中所有的幻灯片及其相对位置，如图 8-32 所示。

通过这种视图不仅可以了解整个演示文稿的外观，还可以轻松地按顺序组织幻灯片，复制、移动、隐藏、删除幻灯片，以及设置幻灯片的切换效果和放映方式时都很方便。

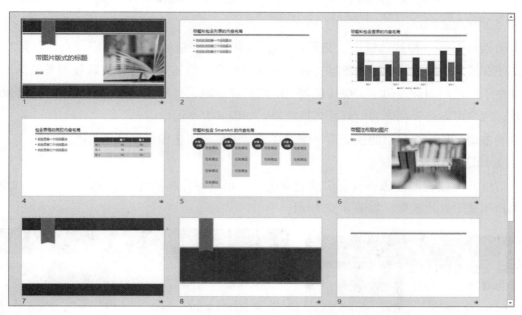

图 8-32　幻灯片浏览视图

（4）备注页视图

如果需要在演示文稿时记录一些提示重点，那么可以使用备注页视图建立、修改和编辑备注。

在备注页视图中，文档窗口分成上下两部分，上面是幻灯片，下面是备注文本框，如图 8-33 所示。

在备注文本框中可以输入备注内容，这些备注内容可以打印出来作为演讲稿。

在默认情况下，PowerPoint 按整页缩放比例显示备注页，如果按默认的显示比例不便于编辑或阅读备注内容，则可以适当增大显示比例。

在备注页视图中，还可以移动幻灯片缩略图的位置、调整幻灯片缩略图的大小，如

图 8-34 所示。

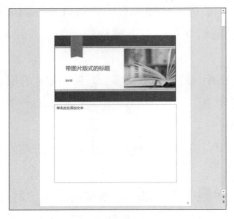 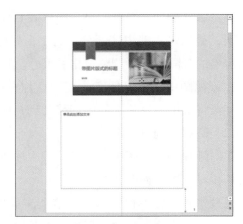

图 8-33　备注页视图　　　　　　　　图 8-34　调整幻灯片缩略图的大小和位置

（5）阅读视图

阅读视图是一种特殊视图，它可以显示当前文档并隐藏大多数屏幕元素，包括功能区，使在屏幕上阅读演示文稿更加方便。该视图的显示方式与幻灯片放映视图类似，不同之处在于，使用阅读视图不需要切换到全屏幻灯片放映，而是在 PowerPoint 窗口中播放幻灯片，用户可以查看动画和幻灯片切换效果，如图 8-35 所示。

右击幻灯片，在弹出的快捷菜单中选择"结束放映"选项，即可退出阅读视图。

（6）幻灯片放映视图

幻灯片放映视图就像一台真实的放映机，它可以在计算机屏幕上全屏呈现演示文稿，供用户预览幻灯片效果，如图 8-36 所示。

图 8-35　阅读视图　　　　　　　　　图 8-36　幻灯片放映视图

在默认情况下幻灯片放映视图会从当前的幻灯片开始播放，单击即可播放幻灯片中的动画，没有动画则进入下一页。在放映幻灯片时，可以加入许多特效，设置绘图笔并加入屏幕注释，使演示过程更加有趣。

右击幻灯片，在弹出的快捷菜单中选择"结束放映"选项，即可退出幻灯片放映视图。

第9章 加工处理文本——环保倡议

文本对象是幻灯片的基本组成元素，也是演示文稿中最重要的组成部分。合理地组织文本对象可以使幻灯片更清楚易懂，恰当地设置文本对象的格式可以使幻灯片更吸引观众。

9.1 认识占位符

所谓占位符，是指创建新幻灯片时出现的虚线方框，这些方框代表待确定的对象，如图9-1所示。

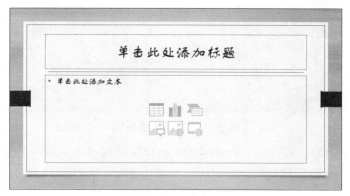

图9-1 占位符

单击文字占位符可以添加文字，单击内容占位符中央的不同按钮，可以插入表格、图表、图片、SmartArt图形和视频剪辑。双击文字占位符，弹出格式工具栏，如图9-2所示。

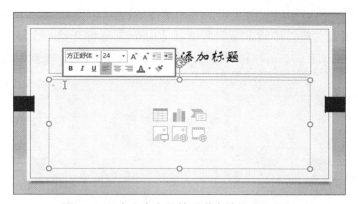

图9-2 双击文字占位符后弹出的格式工具栏

占位符是幻灯片设计模板的重要组成元素，在占位符中添加文本和其他对象可以方便地建立规整美观的演示文稿。

9.2 处理文本

文本是一种常用且很重要的传递信息的媒介。通过不同的编排方式和设计风格，即使使用纯文本，也能设计出美观、富有创意的幻灯片。熟练掌握各种文本操作方法，能极大地提高工作效率。

9.2.1 在占位符中添加文本

下面以在幻灯片中添加内容文本为例，介绍在占位符中添加文本的常用方法。

（1）设置插入点。单击文本占位符中的任意位置，占位符的虚线边框上出现八个控制手柄，且原始示例文本消失，占位符中出现一个闪烁的插入点，如图 9-3 所示。

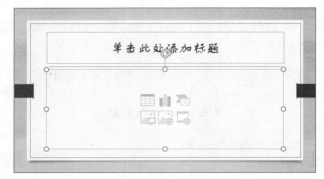

图 9-3　文本插入点出现

（2）输入文本内容。输入时，PowerPoint 会自动将超出占位符的部分转到下一行，用户也可以按【Enter】键手动换行。

　　　PowerPoint 2019 只有插入方式，没有改写方式，因此不能通过按【Insert】键将插入方式切换为改写方式。

（3）输入完毕，单击幻灯片的空白区域结束输入。

在项目符号列表占位符中输入项目时，按【Enter】键将开始一个新的项目，如图 9-4 所示。按【Tab】键可将某个项目符号下降一级，按【Shift+Tab】键则上升一级。

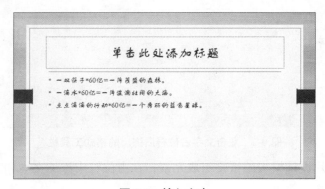

图 9-4　输入文本

教你一招： 使用快捷键设置插入点

在大纲视图中添加文本时，可以使用键盘快捷键设置插入点。

【Ctrl+ ←】：移动到前一个词的开头。

【Ctrl+ ↑】：移动到当前主题的开头。

【Ctrl+ ↓】：移动到后一个主题的开头。

【Ctrl+ →】：移动到后一个词的开头。

【Ctrl+Home】：移动到文稿大纲的顶端。

【Ctrl+End】：移动到文稿大纲的底端。

教你一招： 使用图片填充文字

如果希望文本效果更加丰富多彩，则可使用图片填充文字。

（1）选中要填充的文字，如图 9-5 所示。

图 9-5　填充之前的文字

（2）单击"绘图工具 / 格式"选项卡中的"艺术字样式"组中的"文本填充"按钮，在弹出的下拉菜单中选择"图片"选项，弹出"插入图片"对话框。

（3）选择图片存储的位置，单击需要使用的图片，然后单击"插入"按钮，填充文本，并关闭对话框。

（4）单击"绘图工具 / 格式"选项卡中的"艺术字样式"组中的"文本轮廓"按钮，在弹出的下拉菜单中选择一种颜色进行描边，效果如图 9-6 所示。

图 9-6　进行图片填充后的文字效果

9.2.2　在占位符之外添加文本

需要在占位符之外添加文本时，例如，给图形对象添加用途和意义的说明性文字，可以使用形状或文本框。文本框类似于绘图对象，其中的文本不显示在演示文稿的大纲中。

需要在形状中添加文本时，单击选中形状后，直接输入文本即可，如图 9-7 所示。

图 9-7　在形状中添加文本

此时，文本与形状形成一个整体，文本会随着形状的移动、翻转等操作自动调整，如图 9-8 所示。

图 9-8　翻转形状

需要插入文本框时，可执行以下操作。

（1）单击"插入"选项卡中的"文本"组中的"文本框"下拉按钮，弹出如图 9-9 所示的下拉菜单。

（2）选择文本框中文本的排列方向，本例选择"绘制横排文本框"选项，此时鼠标指针变成小箭头╂。

图 9-9　"文本框"
下拉菜单

如果选择"竖排文本框"选项，则鼠标指针显示为 ← 。

（3）在编辑区按住鼠标左键并拖动，绘制一个区域，或者直接单击鼠标，即可插入文本框，如图 9-10 所示。

（4）在光标闪烁的位置输入文字。

按住鼠标左键并拖动绘制出来的文本框是固定宽度文本框，在其中输入文字时，文本到达文本框的边界时会自动换行，如图 9-11 所示。

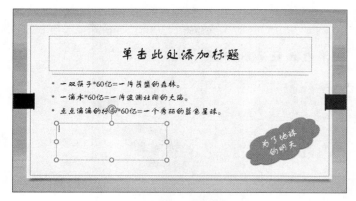

图 9-10　添加文本框

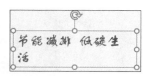

图 9-11　固定宽度文本框

在幻灯片中单击插入的文本框是可变宽度文本框，在其中输入文本时，文本框将自适应文本的宽度，不会自动换行，如图 9-12 所示，用户可按【Enter】键手动换行。

图 9-12　可变宽度文本框

>  **请注意！**　如果改变了可变宽度文本框的大小，则文本框将变为固定宽度，不再自适应文本宽度。

（5）输入完成后，单击文本框之外的任意位置或者按【Esc】键，退出文本输入状态。

9.2.3　选择文本

对文本进行编辑时，首先需要选中文本。在 PowerPoint 中选中文本的方法很简单，只需在要选取的文本的起始处按住鼠标左键并拖动到文本结束处，然后释放鼠标左键即可。选中的文本反白显示，如图 9-13 所示。

如果要使用键盘选取部分文本，则要将插入点放置在要选取文本的开始位置，按住【Shift】键不放，再按键盘上的箭头键选中文本。

图 9-13　选中文本

教你一招：快速选择文本

选择的文本范围	操作
一个单词	双击该单词
一个段落及其所有子段落	在段落中任意位置连续单击 3 次
单张幻灯片中的所有文本	在大纲窗格中单击幻灯片图标
整个演示文稿	【Ctrl+A】键
一个小标题下的全部文本	在大纲窗格中单击该标题的项目符号

9.2.4　移动、复制文本

移动操作是将选中的文本从一个位置移到另一个位置；复制操作是将选中的文本复制到目标位置，原位置的文本仍保留。

使用右键快捷菜单中的"复制""剪切""粘贴"选项移动、复制文本的操作大家一定不会陌生，本节介绍使用鼠标拖动移动、复制文本的操作方法。

（1）选中要移动或复制的文本并单击，此时鼠标指针下方显示一个虚线框。

（2）按住鼠标左键并拖动。拖动时，会出现一个虚线插入点表明移动的目的位置，如图 9-14 所示。

在拖动鼠标的同时按下【Ctrl】键，即可复制文本到指定的位置。

（3）到达目标位置后，松开鼠标左键。

如果要移动整个占位符，则可执行以下步骤。

（4）单击占位符的任意位置，此时占位符四周出现控制手柄。

（5）将鼠标指针移到占位符的边框上，当鼠标指针变成 时，按住鼠标左键并拖动，拖动时会出现一个虚线框表明占位符将要放置的位置，如图 9-15 所示。

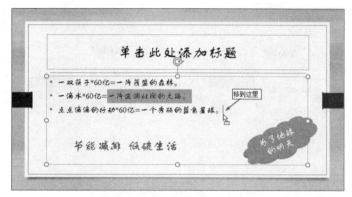

图 9-14 移动文本

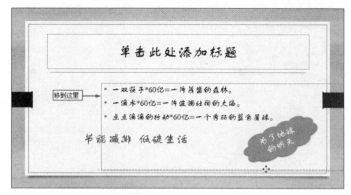

图 9-15 移动占位符

（6）到达目标位置后，松开鼠标左键。

9.3 在大纲视图中编辑文本

在幻灯片中输入文本之后，有时候需要对文本进行修改。在幻灯片视图中编辑文本的方法与添加文本的方法类似，本节主要介绍利用大纲视图编辑文稿标题及其层次的方法。

9.3.1 加注标题

在演示文稿中经常会有并列的多个主题，以及并列的多个小标题。使用大纲视图可以在展开的演示文稿中加入一系列的标题，然后在某些主标题下添加小标题，使演示文稿更加丰满。

建立演示文稿的第一步就是输入演示文稿的标题和一系列主标题。输入时不一定要按顺序，因为顺序是可以调整的。

（1）切换到大纲视图，在"大纲"窗格的第一行中输入演示文稿的主标题，如图 9-16 所示。

（2）按【Enter】键进入下一行，在第二行将出现幻灯片编号"2"，输入第一个主题，如图 9-17 所示。

185

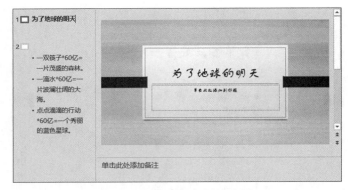

图 9-16　输入演示文稿主标题

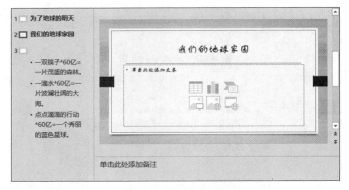

图 9-17　输入主标题

（3）按照同样的方法输入其他主标题，最终的主标题列表如图 9-18 所示。

图 9-18　主标题列表

9.3.2　更改大纲的段落级别

建立主标题之后，就可以建立若干层次的小标题了。在大纲视图中，可以很方便地修改标题和项目符号列表的级别。修改级别后，PowerPoint 会自动调整缩进尺寸，以反映新的层次级别。

（1）将光标定位于要添加下一级标题的主标题的末尾，如主标题的后面，按【Enter】键创建一个新的主标题，其他幻灯片的编号将重新排列，然后输入标题名称，如图 9-19 所示。

图 9-19　插入一个新的主标题

（2）将光标放在新插入的主标题的任意位置并右击，在弹出的快捷菜单中选择"降级"选项。此时，选中的主标题将降级一层，作为前一个主标题的子标题，如图 9-20 所示。

图 9-20　加入子标题

按【Tab】键可以将当前插入点所在标题降级，按【Shift+Tab】键可以将当前插入点所在标题升级，利用这两个快捷键可以很方便地建立各层的标题。

接下来添加其他标题。

（3）在"大纲"窗格中单击编号为 2 的幻灯片标题，按照第一步和第二步的方法创建二级小标题，如图 9-21 所示。

图 9-21　创建二级小标题

如果标题内容超过一行，则系统会自动换行。

（4）按【Enter】键创建第二个二级小标题，如图 9-22 所示。

图 9-22　创建多个二级小标题

每张幻灯片最多能加入五个不同层次的小标题。每一层都会缩进几格，并且各层小标题前都有项目符号。

接下来在二级小标题下方增加一个主标题。

（5）在编号为"2"的幻灯片最后一个小标题末尾按【Enter】键并右击，在弹出的快捷菜单中选择"升级"选项，或者按【Shift+Tab】组合键，即可把插入点所在标题的层次升一级。然后输入标题，如图 9-23 所示。

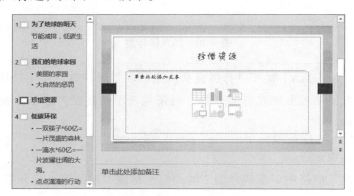

图 9-23　添加一个主标题

如果重复执行"升级"操作，则会使某一个项目列表项变成一个主标题，并将一张幻灯片分成两张幻灯片。

此外，使用鼠标拖动也可以调整大纲级别。

（6）将鼠标指针移到要升高级别的列表项左侧的项目符号上（如"大自然的惩罚"），当指针变为四向箭头✥时，按住鼠标左键并向左拖动。拖动时，会出现一条灰色的垂直线指示目前到达的级数。当指示线显示在幻灯片图标左侧时，释放鼠标，即可将选中项升级为主标题，如图 9-24 所示。

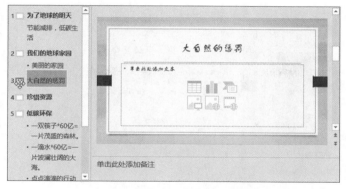

图 9-24　使用鼠标拖动升级列表项

（7）将鼠标指针移到要降低级别的列表项（如"大自然的惩罚"）左侧的幻灯片图标上，当指针变为四向箭头✥时，按住鼠标左键并向右拖动。当指示线出现在二级小标题的项目符号右侧时释放鼠标，即可将选中项降级为二级小标题。

教你一招： 在大纲列表中显示文本格式

在默认情况下，大纲列表中使用的是普通宋体，并不是幻灯片中的实际文本格式。如果希望显示实际的文本格式，则可在"大纲"窗格中右击，在弹出的快捷菜单中选择"显示文本格式"选项，效果如图 9-25 所示。

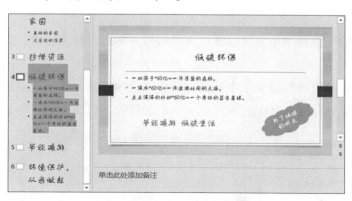

图 9-25　显示文本格式后的效果

再次执行"显示文本格式"命令，即可恢复默认文本格式。

9.3.3　调整大纲的段落次序

编辑完大纲文稿后，可以随时根据需要调整大纲的段落次序。

（1）在"大纲"窗格中选中要调整次序的段落，如第 4 张幻灯片的第二段文本。

（2）右击，在弹出的快捷菜单中选择"上移"选项，即可将选中的段落向上移动，如图 9-26 所示。

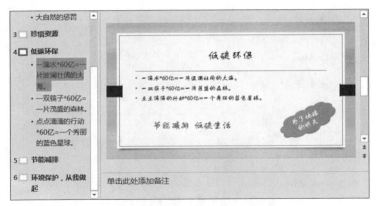

图 9-26　调整段落次序后的效果

使用鼠标拖动的方法也可以很方便地调整段落次序。

（3）在"大纲"窗格中选中要调整次序的段落，如第 4 张幻灯片的第一段文本。将鼠标指针移到选中的段落上，当指针变为 ✛ 时，按住鼠标左键并拖动。当指示线显示在第三段文本的项目符号右侧时，释放鼠标左键，即可将第一段文本移到第三段文本之前。

除了可以在同一幻灯片中调整段落次序，还可以跨幻灯片移动文本。

9.3.4　折叠或展开幻灯片

在处理演示文稿大纲时，如果想要集中处理标题，不受幻灯片中正文的影响，则可隐藏幻灯片中的正文。

（1）在"大纲"窗格中单击要隐藏正文的幻灯片标题的任意位置，如第 4 张幻灯片的标题。

（2）右击，在弹出的快捷菜单中选择"折叠"选项，则当前插入点所在的幻灯片内容被折叠起来，只显示标题，且标题下方显示一条灰色的下划线，如图 9-27 所示。

图 9-27　折叠选中标题的正文

（3）在快捷菜单中单击"折叠"选项右侧的级联按钮，在弹出的级联菜单中选择"全部折叠"选项，即可快速隐藏演示文稿中所有幻灯片的正文，只显示每张幻灯片的标题，如图 9-28 所示。

图 9-28　折叠所有幻灯片的正文

（4）将光标定位在第二张幻灯片的标题中并右击，在快捷菜单中选择"展开"选项，即可显示指定标题的正文，如图 9-29 所示。

图 9-29　显示指定幻灯片的正文

（5）在快捷菜单中单击"展开"命令右侧的级联按钮，在弹出的级联菜单中选择"全部展开"选项，即可快速显示所有幻灯片的标题级别和正文，如图 9-30 所示。

图 9-30　显示所有幻灯片的标题和正文

9.4　格式化文本

丰富的字体、整齐的段落格式以及赏心悦目的文本效果不仅能美化幻灯片，而且能够充分展现文本要表述的内容，激发观众的阅读兴趣。

9.4.1　设置文本框格式

通过设置文本框的填充颜色、边框样式等效果，可以修饰文本框。通过设置文本框的尺寸位置和旋转角度，以及改变文本固定点及文本的内部边界，可以设计出丰富多彩的文本版式。

（1）选中幻灯片中的文本框，在功能区会显示"绘图工具 / 格式"选项卡。使用选项卡中的"形状样式"和"艺术字样式"组中的工具，可以设置文本框的格式，如图 9-31 所示。

图 9-31　"绘图工具 / 格式"选项卡

（2）单击"形状样式"列表框右侧的下拉按钮，在弹出的形状样式列表中选择一种合适的样式，例如，应用"强烈效果 - 金色"样式后的效果如图 9-32 所示。

图 9-32　设置文本框样式

如果样式列表中没有理想的样式，则可分别单击"形状填充""形状轮廓"和"形状效果"按钮，自定义文本框的样式。

接下来设置文本框中文本的样式。

（3）单击"艺术字样式"列表框右侧的下拉按钮，在弹出的艺术字样式列表中选择一种样式，效果如图 9-33 所示。

图 9-33　艺术字样式效果

用户也可以分别单击"文本填充"和"文本轮廓"按钮，自定义文本填充颜色和轮廓颜色。单击"文字效果"按钮，在弹出的下拉菜单中可以设置文本的效果。

一种更简便的设置文本框格式的方法是打开"设置形状格式"任务窗格格式化文本框。

（4）选中文本框并右击，在弹出的快捷菜单中选择"设置形状格式"选项，弹出如图 9-34 所示的"设置形状格式"面板。

在该任务窗格中除了可以设置文本框和文本的填充、效果、轮廓样式以外，还可以设置文本框的大小属性以及文本对齐方式和边距。

（5）单击"设置形状格式"任务窗格顶部的"大小和属性"图标，切换到如图 9-35 所示的选项列表。在这里，可以指定文本框的大小、位置和边距。

图 9-34 "设置形状格式"任务窗格

图 9-35 设置文本框的大小和属性

更直观地调整文本框尺寸的方法是使用鼠标拖动。

（6）将鼠标指针移到文本框四周的控制手柄上，当指针变为双向箭头时，按住鼠标左键并拖动到合适的大小后，释放鼠标左键，效果如图 9-36 所示。

图 9-36 调整文本框尺寸

（7）在"设置形状格式"任务窗格的"文本框"选项列表中，设置右边距为 3 厘米，效果如图 9-37 所示。

图 9-37　设置文本框右边距后的效果

接下来设置标题文本的格式。

（8）选中标题文本，此时会显示格式工具栏，如图 9-38 所示。

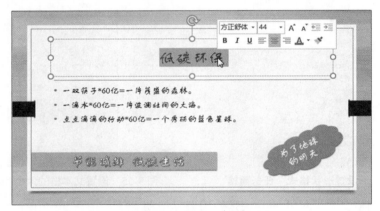

图 9-38　格式工具栏

（9）单击"字体颜色"下拉按钮，在弹出的下拉菜单中选择一种颜色，幻灯片中的文本将实时显示应用颜色的效果，如图 9-39 所示。

图 9-39　设置文本颜色

教你一招： 修改文本框默认格式

　　在制作演示文稿时，为统一风格，通常会为用途相同的文本框设置相同的格式，如相同的字体、字号、文本框填充和边框效果。通过自定义文本框的默认格式，可以使后续插入的文本框自动应用指定的格式，提高工作效率。

　　（1）设置文本框及其中的文本的格式，如图 9-40 所示。

　　（2）在文本框上右击，在弹出的快捷菜单中选择"设置为默认的文本框"选项，如图 9-41 所示。

图 9-40　设置文本框及文本的格式　　　　图 9-41　选择"设置为默认文本框"选项

　　（3）在演示文稿中插入新的文本框，并输入文本。可以看到，新插入的文本框自动应用与指定文本框相同的格式。

9.4.2　更改缩进方式

　　段落缩进可以使演示文稿层次分明、更有条理。使用标尺可以很方便地设置段落的缩进格式。

　　设置段落缩进的方法如下。

　　（1）将光标放置在要设置缩进格式的段落中，或者选中要设置格式的整个段落。

　　（2）选中"视图"选项卡中的"显示"组中的"标尺"复选框，即可显示标尺，以及选中段落的缩进符号，如图 9-42 所示。

　　　如果段落包含两层或更多层带项目符号的文本，则每层的缩进符号都将显示在标尺上。

　　（3）在首行缩进符号上按下鼠标左键，将显示一条垂直的虚线，它显示了缩进符号当前所在位置。按住鼠标左键拖动缩进符号，垂直虚线也会随之移动，如图 9-43 所示。

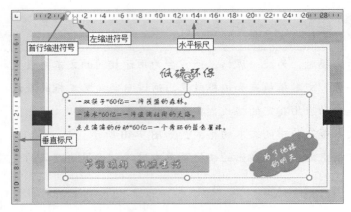

图 9-42　标尺及缩进符号

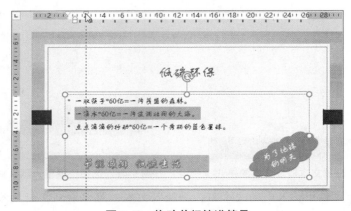

图 9-43　拖动首行缩进符号

（4）释放鼠标左键，即可设置选中段落的首行缩进位置。此时，在"大纲"窗格中也可以看到首行缩进的效果，如图 9-44 所示。

图 9-44　首行缩进效果

左缩进符号由一个三角滑块和一个矩形方块组成，拖动它们到不同的位置，即可实现不同的缩进效果。

（5）在左缩进符号的三角滑块上按住鼠标左键并拖动到合适的位置，释放鼠标左键，即可在不影响首行缩进位置的条件下，设置段落中除首行以外的其他行的左缩进位置，如

图 9-45 所示。

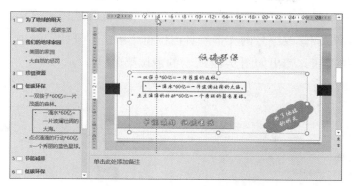

图 9-45　设置左缩进位置

（6）如果在左缩进符号下方的矩形方块上按住鼠标左键并拖动，则首行缩进符号会与之一同移动，且保持首行和其他行的相对位置不变，如图 9-46 所示。

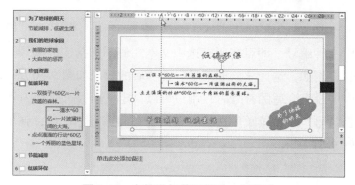

图 9-46　左缩进与首行缩进一起移动

9.4.3　修改列表符号

在幻灯片中添加项目符号和编号可以使幻灯片的项目层次更加清晰。项目符号和编号的区别在于，项目符号用于无序列表，各个项目之间没有顺序之分；编号用于有序列表，使用阿拉伯数字、汉字或者英文字母标记各个项目的次序。

修改列表符号的方法如下。

（1）选中要添加或修改项目符号的文本或者占位符。单击"开始"选项卡中的"段落"组中的"项目符号"下拉按钮，弹出如图 9-47 所示的下拉菜单。

图 9-47　"项目符号"下拉菜单

请注意！　　项目符号是文本格式的一种属性，并不是文本的一部分，所以要更改项目符号时，应选择与此项目符号相关的文本，而不是项目符号本身。

（2）选择一种项目符号，即可在所有选中文本左侧添加项目符号。选择"无"选项即可删除项目符号。如果文本已有项目符号，则会修改项目符号，如图 9-48 所示。

（3）选中要添加或修改编号的文本或者占位符，单击"开始"选项卡中的"段落"组中的"编号"下拉按钮，弹出如图 9-49 所示的下拉菜单。

图 9-48　添加或修改项目符号　　　　图 9-49　"编号"下拉菜单

（4）单击其中一种编号，即可在所有选中文本左侧添加指定的编号。如果文本已有编号，则会修改编号。例如，选择"象形编号"选项后的效果如图 9-50 所示。

项目符号列表中没有合适的符号时，用户可以自定义项目符号和编号。

（5）在"项目符号"下拉菜单中选择"项目符号和编号"选项，弹出"项目符号和编号"对话框，如图 9-51 所示。

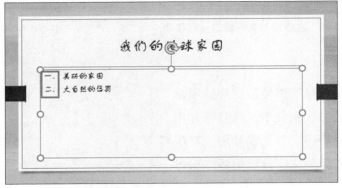

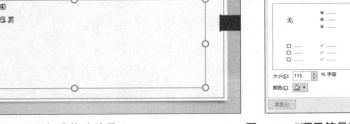

图 9-50　添加或修改编号　　　　图 9-51　"项目符号和编号"对话框

在"项目符号"选项卡中，可以设置项目符号的大小、颜色、自定义符号的外观，或者导入图片作为项目符号。在"编号"选项卡中，除了可以设置编号的大小、颜色，还可以指定起始编号。

（6）单击"自定义"按钮，弹出"符号"对话框，可以从计算机的所有字符集中选择一种符号作为项目符号，如图 9-52 所示。

（7）单击"确定"按钮，关闭对话框，此时，在项目符号列表中可以看到所选择的符号，如图 9-53 所示。

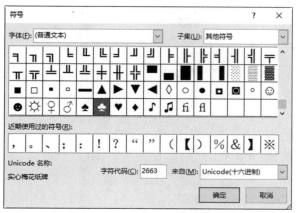
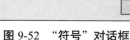

图 9-52　"符号"对话框

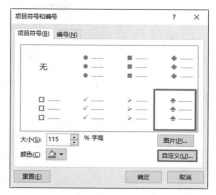

图 9-53　将指定符号作为项目符号

（8）在"大小"微调框中设置符号的大小，如"120%"。单击"颜色"下拉按钮，在弹出的颜色列表中设置符号的显示颜色，如紫色。此时，项目符号列表中的所有符号都按指定的大小和颜色显示，如图 9-54 所示。

（9）单击"确定"按钮，关闭对话框，选中的文本列表左侧即可显示指定样式的项目符号，如图 9-55 所示。

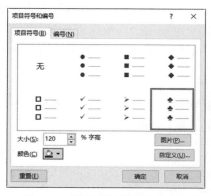

图 9-54　设置项目符号大小和颜色

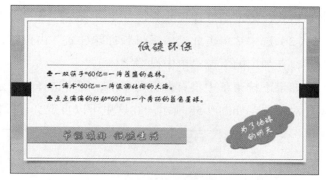

图 9-55　修改项目符号样式后的效果

9.4.4　利用母版格式化文本

幻灯片母版可以控制整个演示文稿的外观，包括颜色、字体、背景、效果和其他所有内容。利用幻灯片母版可以快速格式化标题幻灯片之外的所有幻灯片。这一功能不仅能提高工作效率，还能保持演示文稿中幻灯片风格的统一。

在母版中设置文本格式的方法如下。

（1）单击"视图"选项卡中的"母版视图"组中的"幻灯片母版"按钮，进入"幻灯片母版"视图，如图 9-56 所示。

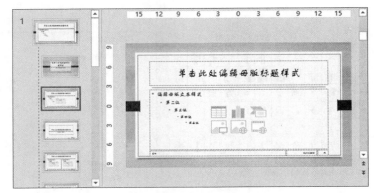

图 9-56 "幻灯片母版"视图

此时，功能区出现"幻灯片母版"选项卡，如图 9-57 所示。

图 9-57 "幻灯片母版"选项卡

利用该选项卡可以插入幻灯片母版、插入占位符、修改幻灯片主题、设置配色方案和文本格式、指定幻灯片尺寸等。

（2）选中"单击此处编辑母版标题样式"占位符，单击"背景"组中的"字体"下拉按钮，在弹出的下拉菜单中设置字体。

如果下拉菜单中没有合适的字体，则可选择"自定义字体"选项，弹出"新建主题字体"对话框，如图 9-58 所示。在这里可以自定义母版标题字体和正文字体。

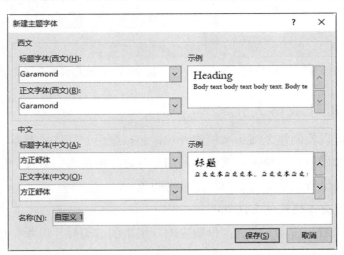

图 9-58 "新建主题字体"对话框

（3）切换到"开始"选项卡中，单击"字体"组中的"字体颜色"按钮，设置文本颜色，效果如图 9-59 所示。

（4）在"幻灯片母版"选项卡中的"母版版式"组中，取消选中"页脚"复选框，隐藏母版的页脚。

如果在幻灯片母版上插入内容，则该内容将自动显示在所有幻灯片中，以保持风格统一。

（5）单击"关闭母版视图"按钮，返回"普通"视图。选中幻灯片中已添加的形状和文本框，按【Ctrl+C】键复制，然后切换到"幻灯片母版"视图，按【Ctrl+V】键粘贴，效果如图 9-60 所示。

图 9-59 设置标题文本的颜色　　　　　　　图 9-60 格式化后的母版

（6）单击"关闭母版视图"按钮，返回"普通"视图。在"普通"视图中可以看到，标题幻灯片以外的幻灯片都使用相同的标题文本格式，且都添加了形状和文本框，如图 9-61 所示。

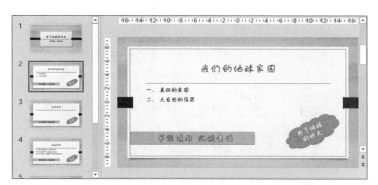

图 9-61 使用母版格式化之后的幻灯片

教你一招： 一键替换演示文稿中的字体

有人觉得演示文稿中的某种字体不合适，所以逐页逐个对文本框进行修改，这样做不仅花费时间精力，还容易遗漏。使用"替换字体"功能可以轻松解决这个问题。

（1）打开要修改字体的演示文稿。

（2）单击"开始"选项卡中的"编辑"组中的"替换"下拉按钮，在弹出的下拉菜单中选择"替换字体"选项，如图 9-62 所示。

（3）在弹出的"替换字体"对话框中，在"替换"下拉列表框中选择要替换的字体，在"替换为"下拉列表框中选择要替换为的字体，如图 9-63 所示。此处将幻灯片中的"等线"字体替换为"微软雅黑"。

图 9-62　选择"替换字体"选项　　　　图 9-63　"替换字体"对话框

（4）单击"替换"按钮，替换字体，然后单击"关闭"按钮，关闭对话框。

9.5　演讲者备注和讲义

在使用 PPT 演讲时，为避免忘记一些要讲的内容，往往需要添加演讲者备注。演讲者备注是用来对幻灯片中的内容进行解释、说明或补充的文字材料，可以提示并辅助演示者完成演讲。

添加演讲者备注和讲义的方法如下。

（1）切换到"普通"视图或"大纲"视图，在编辑窗口的右下窗格中直接输入该页幻灯片的提示性文字、说明性文字或幻灯片窗格无法容纳的详细内容等，如图 9-64 所示。

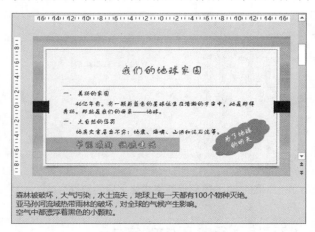

图 9-64　输入备注文本

　　在备注窗格中不能插入图片、表格等内容，要插入这些内容，应使用"备注页"视图。

如果右下窗格不显示，则可单击状态栏上的"备注"按钮 备注；拖动备注窗格顶部的分隔线，即可调整备注窗格的高度，如图 9-65 所示。

在备注窗格中还可以设置文本格式、段落格式。有些格式设置在备注窗格中看不到效果，可以切换到"备注页"视图查看。

（2）单击"视图"选项卡中的"演示文稿视图"组中的"备注页"按钮，切换到"备注页"视图，即可更方便地查看、编辑备注，如图 9-66 所示。

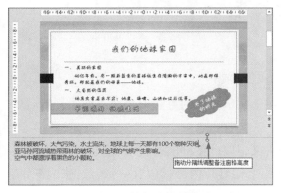

图 9-65　调整备注窗格高度

图 9-66　"备注页"视图

备注文本可以像普通文本一样格式化，也可以设置字体、字号、颜色等。

（3）选中备注文本，单击"开始"选项卡中的"段落"组中的"项目符号"或"编号"按钮，效果如图 9-67 所示。

 在备注页中设置的文本格式只能应用于当前页的备注，不会影响到其他备注页。如果要在每个备注页上都添加相同的内容，或使用统一的文本格式，则可使用备注母版。

（4）单击"视图"选项卡中的"母版视图"组中的"备注母版"按钮，打开备注母版，如图 9-68 所示。

图 9-67　添加项目符号后的效果

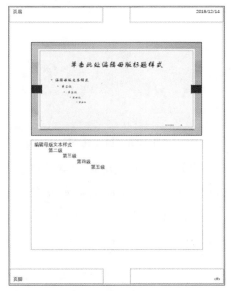

图 9-68　备注母版

此时，功能区出现"备注母版"选项卡，如图 9-69 所示，利用其中的各项功能可以方便地设置母版的页面版式、主题和背景样式。

图 9-69 "备注母版"选项卡

（5）分别选中要编辑的占位符或段落，按照上一节介绍的方法设置文本格式，然后单击"关闭母版视图"按钮，退出母版编辑模式。

除了可以创建备注，还可以创建幻灯片的讲义，以此帮助演讲者或听众了解演示文稿的内容。讲义是指为演讲内容撰写的概要。在一个幻灯片内可以包含一张、二张、三张、四张、六张或者九张讲义，也可以创建大纲形式的讲义。

（6）单击"视图"选项卡中的"母版视图"组中的"讲义母版"按钮，打开讲义母版，如图 9-70 所示。

图 9-70 讲义母版

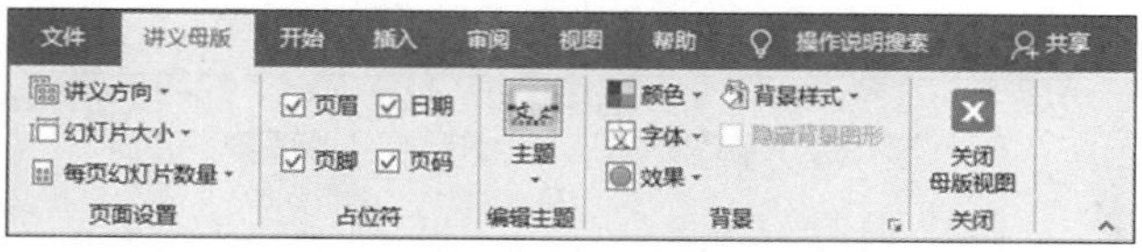

图 9-71 "讲义母版"选项卡

此时，功能区出现"讲义母版"选项卡，如图 9-71 所示，利用其中的各项功能可以方便地设置讲义母版的页面版式、每页包含的幻灯片数量、主题和背景样式等。

（7）单击"每页幻灯片数量"下拉按钮，在弹出的下拉列表中选择"6 张幻灯片"选项，如图 9-72 所示。

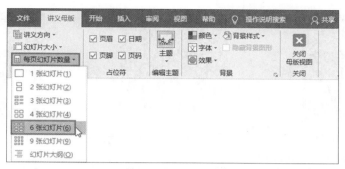

图 9-72　设置每页幻灯片数量

（8）单击"文件"选项卡中的"打印"选项，在"设置"区域的第二个下拉列表框中选择"备注页"选项，即可得到如图 9-73 所示的打印效果。

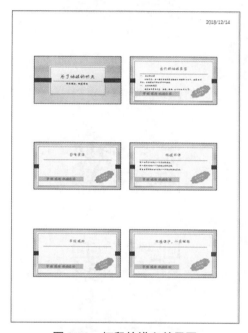

图 9-73　打印的讲义效果图

9.2.1　在占位符中添加文本	9.2.2　在占位符之外添加文本	9.3.1　加注标题
9.3.2　更改大纲的段落级别	9.3.3　调整大纲的段落次序	9.3.4　折叠或展开幻灯片

9.4.1　设置文本框格式	9.4.2　更改缩进方式	9.4.3　修改列表符号

9.4.4　利用母版格式化文本	9.5　演讲者备注和讲义

第10章　应用多媒体对象——
食品安全知识宣讲

只有文本的演示文稿显得单调和呆板，无法很好地吸引观众的注意力。在演示文稿中插入表格、图片、艺术字、图表、SmartArt 图形、影片剪辑、声音等多媒体元素，不仅可以使演示内容更加丰富多彩，增强演示文稿的吸引力，更重要的是可以更清晰直观地传达演示文稿的内容。

10.1　使用图形对象

作为一种富于表现力的元素，图形对象可以修饰页面，使幻灯片更美观。而且，与文本相比，合适的图形对象能够更直观地说明问题，使要表达的意思一目了然。

10.1.1　插入图片——食品安全标志

想要在演示文稿中插入图片时，既可以在内容占位符上单击图片按钮，也可以直接单击"插入"选项卡中的"图像"组中的"图片"或者"联机图片"按钮。

下面以制作幻灯片"食品安全标志"为例，介绍在幻灯片中插入图片的方法。

（1）新建一个已创建基本布局的演示文稿"食品安全知识宣讲"，定位到幻灯片"食品安全标志"，如图 10-1 所示。

（2）单击"插入"选项卡中的"图像"组中的"图片"按钮，在弹出的"插入图片"对话框中选择需要使用的图片，单击"打开"按钮，关闭对话框，即可在幻灯片中插入图片，如图 10-2 所示。

图 10-1　幻灯片的初始状态

图 10-2　插入图片后的效果

插入的图片按原始大小显示，可能不符合设计需要，应对图片进行缩放。

（3）选中图片，将鼠标指针移到图片四个角上的控制手柄上，当鼠标指针变为双向箭头时，按住鼠标左键并拖动，将图片缩放到合适大小，释放鼠标左键，如图 10-3 所示。

（4）按照第二步和第三步的方法插入其他图片，然后调整图片大小，使图片的高度相同，效果如图 10-4 所示。

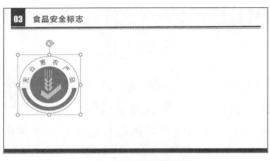
图 10-3　缩放图片

图 10-4　插入其他图片

在幻灯片中移动或缩放其他图片时，会显示一条智能参考线，借助参考线可以很方便地对齐图像，或将图像缩放到相同高度或宽度，如图 10-5 所示。

如果对齐对象时不显示智能参考线，则可单击"视图"选项卡中的"显示"组右下角的扩展按钮，弹出"网格和参考线"对话框，选中"形状对齐时显示智能向导"复选框，如图 10-6 所示。

图 10-5　借助智能参考线缩放图片

图 10-6　"网格和参考线"对话框

接下来使用鼠标拖动和"对齐对象"功能排列图片。

（5）分别选中最左侧和最右侧的图片，按住鼠标左键并拖动，调整图片位置，使两幅图片与幻灯片的左、右边距相同，如图 10-7 所示。

（6）按住【Shift】键依次单击各张标志图片，然后单击"图片工具/格式"选项卡中的"排列"组中的"对齐对象"按钮，在弹出的下拉菜单中选择"横向分布"选项，使标志图片在水平方向上等距离分布，效果如图 10-8 所示。

图 10-7　调整图片位置

图 10-8　图片横向分布效果

如果在缩放图片的步骤中没有对齐图片，则可单击"图片工具/格式"选项卡"排列"组中的"对齐对象"按钮 ，在弹出的下拉菜单中选择"顶端对齐"或"底端对齐"选项（见图 10-9），使图片在水平方向上对齐。

接下来添加图片边框和效果，美化图片。

（7）选中所有图片，单击"图片工具/格式"选项卡中的"图片样式"列表框右侧的下拉按钮，在样式列表中选择一种图片样式，如"映像圆角矩形"样式，其效果如图10-10 所示。

图 10-9　选择对齐方式

图 10-10　设置图片样式后的效果

如果图片样式列表中没有理想的样式，则用户可以使用"图片样式"组中的按钮自定义图片边框和图片效果。

教你一招： 自动更新插入的图片

如果在外部图像编辑器中修改了演示文稿中的图片，则通常要重新插入图片，才能反映对图片的修改。PowerPoint 2019 提供了自动更新图片的功能。

（1）单击"插入"选项卡中的"图像"组中的"图片"按钮，弹出"插入图片"对话框。

（2）选中要插入的图片，然后单击"插入"下拉按钮，在弹出的下拉菜单中选择"插入和链接"选项，如图 10-11 所示。

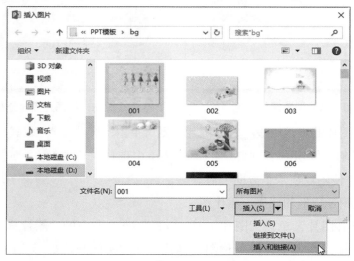

图 10-11　选择"插入和链接"选项

（3）关闭演示文稿，然后在外部图像编辑器中修改图片并保存。

（4）重新打开演示文稿，修改的图片将自动更新。

教你一招：　提取演示文稿中的图片

需要将其他演示文稿中精美的图片用到自己的演示文稿中时，可以采用下面的方法。

（1）将要提取图片的演示文稿的文件后缀名由".pptx"修改为".rar"。

（2）将该压缩文件解压缩到一个文件夹中，即可看到一个名为".ppt"的文件夹，如图 10-12 所示。

图 10-12　解压后的文件夹列表

（3）打开"ppt"文件夹，然后打开其中的"media"文件夹，即可看到演示文稿中的所有图片，如图 10-13 所示。

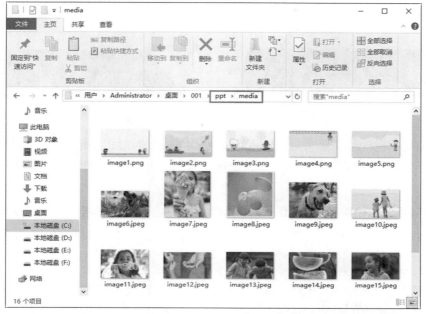

图 10-13　提取的图片

10.1.2　插入形状——食品安全等级

使用"插入"选项卡中的"插图"组中的"形状"按钮，可以在幻灯片中插入各种自选图形，如图 10-14 所示。

在幻灯片中插入形状后，可以调整形状的位置、大小、旋转、着色等属性，或者在形状中添加文本，使之满足设计需要，还可以将其与其他形状组合成更复杂的图形。

下面以制作幻灯片"食品安全等级"为例，介绍在幻灯片中插入形状，并对形状进行编辑的方法。

（1）打开幻灯片"食品安全等级"，单击"插入"选项卡中的"插图"组中的"形状"按钮，弹出形状列表，单击"基本图形"类别中的"梯形"图标。此时，鼠标指针变为十字形＋，按住鼠标左键并拖动，绘制一个梯形，如图 10-15 所示。

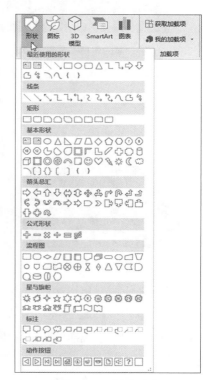

图 10-14　形状列表

（2）将鼠标指针移到梯形变形框上的橙色手柄上，当指针变为 ▷ 时，按住鼠标左键并拖动，调整梯形的倾斜度，如图 10-16 所示。

接下来复制形状。

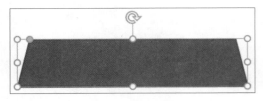

图 10-15　绘制形状

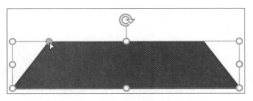

图 10-16　调整梯形的倾斜角度

（3）将鼠标指针移到形状上，当指针变为四向箭头 ✛ 时，按住【Ctrl】键和鼠标左键并将形状拖动到合适的位置，释放鼠标左键，即可在指定位置制作一个形状副本，如图 10-17 所示。

（4）将鼠标指针移到梯形变形框右侧中间的变形手柄上，当指针变为双向箭头 ↔ 时，按住鼠标左键并向左拖动，使两个梯形的一条斜边在一条线上，如图 10-18 所示。

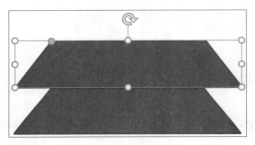

图 10-17　复制形状

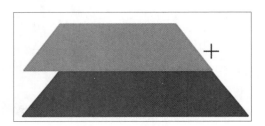

图 10-18　调整梯形的外观

（5）按照相同的方法调整梯形的另一条斜边，效果如图 10-19 所示。

（6）重复第三至第五步，复制梯形并调整形状外观，效果如图 10-20 所示。

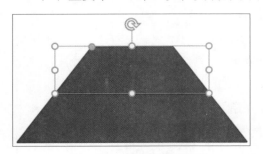

图 10-19　调整梯形的外观

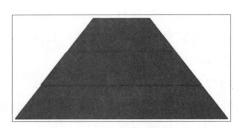

图 10-20　复制并调整形状外观

接下来使用三角形绘制"金字塔"的塔尖。

（7）单击"插入"选项卡中的"插图"组中的"形状"按钮，弹出形状列表，单击"基本图形"类别中的"等腰三角形"图标。此时，鼠标指针变为十字形＋，按住鼠标左键并拖动，绘制一个三角形，如图 10-21 所示。

为区分"金字塔"的不同层级，可以设置形状的轮廓颜色和间距。

（8）选中四个形状并右击，在弹出的快捷菜单中单击"边框"下拉按钮，在弹出的下拉菜单中设置填充色为白色，效果如图 10-22 所示。

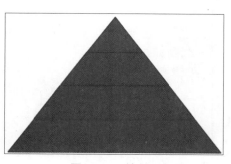

图 10-21　绘制三角形

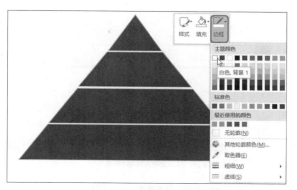

图 10-22　设置形状的轮廓颜色

（9）选中三角形并右击，在弹出的快捷菜单中单击"填充"下拉按钮，在弹出的下拉菜单中设置填充色为果绿，效果如图 10-23 所示。

（10）按照同样的方法填充其他形状，效果如图 10-24 所示。

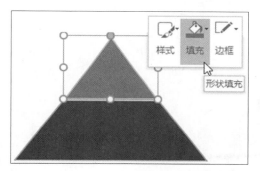

图 10-23　设置形状的填充颜色

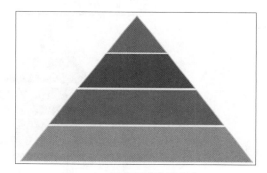

图 10-24　更改形状填充色

（11）选中所有形状，单击"绘图工具 / 格式"选项卡中的"排列"组中的"对齐"按钮，在弹出的下拉菜单中选择"水平居中"选项，然后再次打开"对齐"下拉菜单，选择"纵向分布"选项，效果如图 10-25 所示。

为形状添加三维效果，可使形状具有立体感，增强视觉效果。

（12）选中所有形状，单击"绘图工具格式"选项卡中的"形状样式"组中的"形状效果"按钮，在弹出的下拉菜单中选择"棱台"选项，在弹出的级联菜单中选择"圆形"选项，如图 10-26 所示。

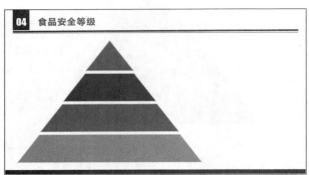

图 10-25　对齐形状　　　　　　　图 10-26　选择"圆形"选项

（13）分别选中四个形状，在形状中添加文本，效果如图 10-27 所示。

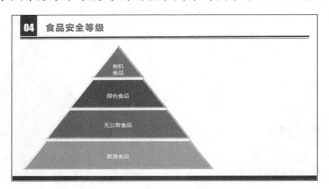

图 10-27　在形状中添加文本

接下来添加标注，进一步说明各层级的分类依据。

（14）单击"插入"选项卡中的"插图"组中的"形状"按钮，弹出形状列表，单击"标注"类别中的"弯曲线形（带边框和强调线）"图标。此时，鼠标指针变为十字形+，按住鼠标左键并拖动，绘制一个标注线框，如图 10-28 所示。

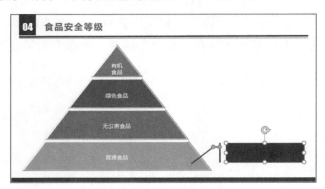

图 10-28　绘制标注

（15）选中标注形状，单击"绘图工具 / 格式"选项卡中的"形状样式"组中的"形状轮廓"按钮，在弹出的下拉菜单中设置轮廓线粗细为 1.5 磅；单击"形状填充"按钮，在弹出的下拉菜单中选择"无填充颜色"选项，效果如图 10-29 所示。

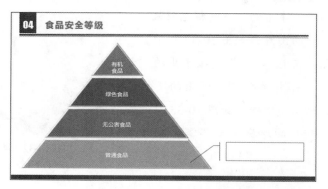

图 10-29　修改形状填充色和轮廓线

（16）在形状中输入文本。选中输入的文本，在"开始"选项卡中的"字体"组中设置字体颜色为黑色、大小为 18；单击"段落"组中的"两端对齐"按钮，效果如图 10-30 所示。

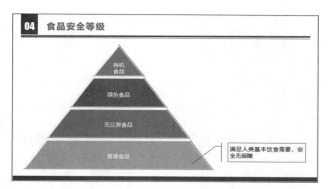

图 10-30　在形状中输入文本并格式化

（17）选中标注形状，按住【Ctrl】键和鼠标左键并拖动，复制标注。修改标注中的文本，并调整标注的位置，最终效果如图 10-31 所示。

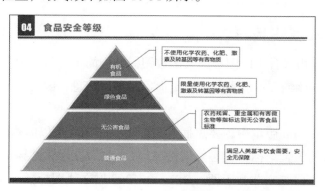

图 10-31　幻灯片最终效果

教你一招： 将图片裁剪为形状

PowerPoint 2019 具备强大的图形编辑功能，只需要简单的操作，就可以轻松地将图片裁剪成某种形状，丰富幻灯片的视觉效果。

（1）选中要裁剪的图片，如图 10-32 所示。

（2）单击"图片工具 / 格式"选项卡中的"大小"组中的"裁剪"下拉按钮，在弹出的下拉菜单中选择"裁剪为形状"选项，如图 10-33 所示。

（3）选择需要使用的形状，如"心形"，效果如图 10-34 所示。

图 10-32　要裁剪的图片

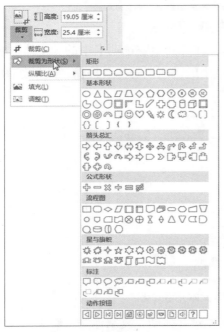

图 10-33　选择"裁剪为形状"选项

图 10-34　裁剪为形状的图片

10.1.3　插入在线图标

图标是具有明确指代含义的图形，大多数图标结构简单、传达力强。图标源自于生活中的各种图形标识，比纯文本能更直观、更形象地展示信息，因此在制作演示文稿时常会使用一些图标。

在以往的 PowerPoint 版本中，要想插入图标，只能插入难以编辑的 PNG 图标；如果要插入可灵活编辑的矢量图标，就必须借助 AI 等专业的设计软件导出图标，再将图标导入 PowerPoint 中，操作起来非常不便。Office 2019 新增在线图标插入功能（见图 10-35），可以像插入图片一样一键插入图标。

（1）单击"插入"选项卡中的"插图"组中的"图标"按钮，弹出"插入图标"对话框，如图 10-36 所示。

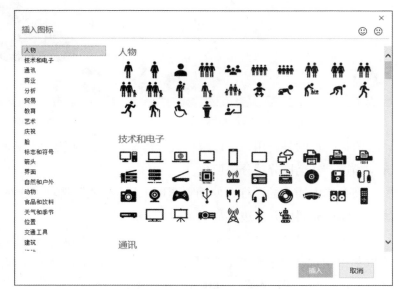

图 10-35　"图标"按钮　　　　　　　　　　图 10-36　"插入图标"对话框

从图 10-36 中可以看出，在线图标库中有很多种常用的图标，囊括人物、技术和电子、通信、商业、分析等 26 个类别，种类齐全，新奇有趣。

（2）在图标库中单击要插入的图标，选中的图标右上角会显示选中标记，对话框底部的"插入"按钮变为可用状态，如图 10-37 所示。

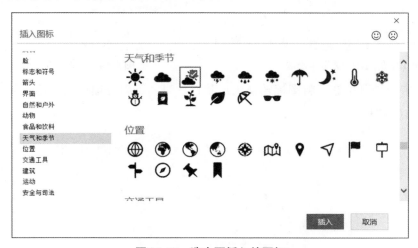

图 10-37　选中要插入的图标

（3）单击"插入"按钮，关闭对话框，即可在当前幻灯片中插入图标，如图 10-38 所示。

（4）插入的在线图标由于是矢量元素，可以在任意变形的同时保持清晰度，如图 10-39 所示。

图 10-38　插入图标　　　　　　　　图 10-39　调整图标大小

值得一提的是，用户可以根据设计需要自定义颜色或填充效果，对插入的图标进行填充、描边，甚至拆分后分项填色。

（5）选中插入的图标，使用"图形工具 / 格式"选项卡中的"图形填充"和"形状轮廓"功能填充图标并描边，如图 10-40 所示。

（6）单击"图形工具 / 格式"选项卡中的"排列"组中的"组合"按钮，在弹出的下拉菜单中选择"取消组合"选项，弹出一个提示对话框，询问用户是否将图标转换为 Microsoft Office 图形对象，如图 10-41 所示。

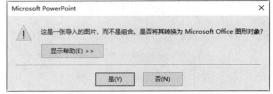

图 10-40　图标填充和描边　　　　　　图 10-41　提示对话框

（7）单击"是"按钮，将图标转换为形状。此时，可以分项填充图标，并设置形状的效果，如图 10-42 所示。

图 10-42　分项填充图标

10.1.4　插入 3D 模型

PowerPoint 2019 有一大突破，那就是可以直接将标准的 3D 模型文件导入演示文稿中，打造 3D 电影级的演示效果。

在演示文稿中插入 3D 模型的操作方法如下。

（1）切换到"插入"选项卡，在"插图"组中可以看到"3D 模型"按钮，如图 10-43 所示。

（2）单击"3D 模型"按钮，弹出"插入 3D 模型"对话框，如图 10-44 所示。

图 10-43　"3D 模型"按钮　　　　图 10-44　"插入 3D 模型"对话框

（3）单击"文件名"组合框右侧的格式下拉按钮，在弹出的下拉列表中选择要插入的 3D 模型的格式，如图 10-45 所示。

从图 10-45 可以看出，尽管目前的 3D 模型格式众多，但 PowerPoint 2019 支持的 3D 格式只有 fbx、obj、3mf、ply、stl 和 glb 等。

（4）在文件列表中选中一个 3D 模型，单击"插入"按钮，即可在当前幻灯片中插入指定的模型，且 3D 模型周围显示 8 个白色的控制手柄和一个灰色的按键，如图 10-46 所示。

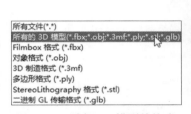

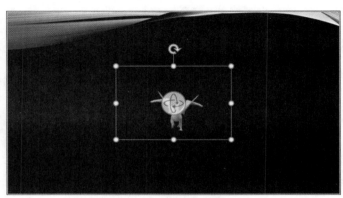

图 10-45　选择 3D 模型的格式　　　　图 10-46　插入 3D 模型

（5）使用鼠标拖动 3D 模型周围 8 个白色的控制手柄可以调整 3D 模型大小，如图 10-47 所示。

（6）使用鼠标拖动 3D 模型中间的灰色按键可以调整 3D 模型的视角，如图 10-48 所示。

图 10-47　调整 3D 模型大小

图 10-48　调整 3D 模型的视角

选中 3D 模型，功能区将显示如图 10-49 所示的"3D 模型工具 / 格式"选项卡，在"3D 模型视图"组中也可以调整模型的视角。

图 10-49　"3D 模型工具 / 格式"选项卡

图 10-50　选择播放场景

（7）如果 3D 模型有可使用的场景，则默认播放"场景 1"。单击"3D 模型工具 / 格式"选项卡中的"播放 3D"组中的"场景"下拉按钮，可以选择模型播放的场景，如图 10-50 所示。

（8）单击"3D 模型工具 / 格式"选项卡中的"排列"组中的"对齐"按钮，可以设置模型在幻灯片中的位置。

此外，PowerPoint 2019 中的 3D 模型还自带特殊的三维动画。为 3D 模型添加特有的三维动画可以更好地展示模型。

（9）切换到"动画"选项卡，打开"动画"下拉菜单，可以看到除了 3D 模型自带的模型动画（即场景），还有五种三维动画，包括"进入""退出"和三种强调动画，如图 10-51 所示。

图 10-51　三维动画效果

10.1.5　插入 SmartArt 图形——不健康的食品

SmartArt 图形是信息和观点的可视化形式，利用它可以快速、轻松地创建具有设计师水准的各种图表，清楚地描述各个单元的层次结构和相互关系。

下面以制作幻灯片"不健康的食品"为例，介绍在幻灯片中插入 SmartArt 图形，并对图形进行编辑的方法。

（1）打开幻灯片"不健康的食品"，如图 10-52 所示。

（2）单击"插入"选项卡中的"插图"组中的"SmartArt"按钮，弹出"选择 SmartArt 图形"对话框。在对话框左侧的分类列表中选择"图片"选项，然后在

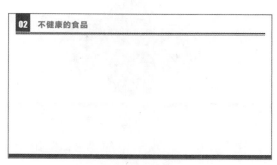

图 10-52　幻灯片初始效果

图形列表中选择"六边形群集"选项，右侧显示该图示的简要说明，如图 10-53 所示。

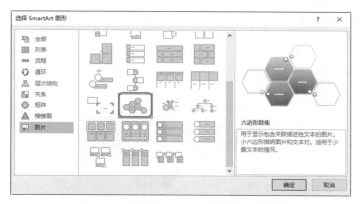

图 10-53　"选择 SmartArt 图形"对话框

（3）单击"确定"按钮，关闭对话框，即可在幻灯片中插入图形，如图 10-54 所示。

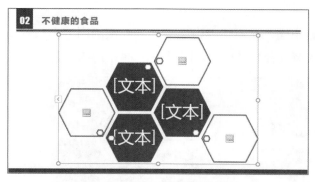

图 10-54　插入六边形群集图形

（4）调整好图形的大小后，单击图形左侧形状中的图像占位符，弹出"插入图片"对话框，选择需要使用的图像后，单击"打开"按钮，关闭对话框，效果如图 10-55 所示。

（5）单击含有文本占位符的六边形，输入文本，效果如图 10-56 所示。

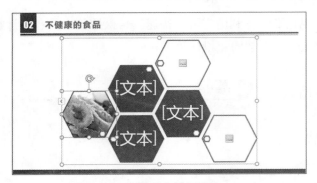

图 10-55　在图形中插入图片

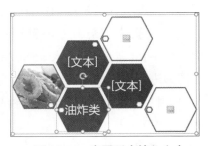

图 10-56　在图形中输入文本

在"开始"选项卡中的"字体"组中可以修改文本的字体、颜色、字号和大小等属性。

除了可以直接在图形中输入文本，利用文本窗格也可以很方便地插入图形文本和图片、设置文本格式。

（6）选中 SmartArt 图形，单击图示外框左边线上的"展开"按钮 ，即可打开文本窗格，如图 10-57 所示。

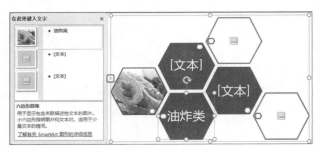

图 10-57　文本窗格

单击"SmartArt 工具 / 设计"选项卡中的"创建图形"组中的"文本窗格"按钮，也可以打开文本窗格。

（7）在文本窗格中输入文本，单击文本列表左侧的图片占位符即可插入对应的图片。在文本窗格中所做的修改会实时反映在图形中，如图 10-58 所示。

图 10-58　在文本窗格中输入文本

222

在文本窗格中的图形文本或图片上右击，在弹出的快捷菜单中可以调整文本的层次级别和排列顺序、格式化文本，以及快速调整 SmartArt 图示的样式、颜色方案和布局，如图 10-59 所示。

插入的六边形群集默认显示 3 个图片文本对，如果需要添加多个图片文本对，则可在图形中添加形状。

（8）选中一个图片或文本形状，点击"SmartArt 工具 / 设计"选项卡中的"创建图形"组中的"添加形状"下拉按钮，在弹出的下拉菜单中选择"在后面添加形状"选项，即可添加一个形状，如图 10-60 所示。

图 10-59　右键快捷菜单

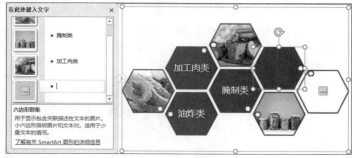

图 10-60　添加形状

（9）按照同样的方法，添加其他形状，然后在形状中分别插入文本和图片，效果如图 10-61 所示。

图 10-61　SmartArt 图示效果

接下来使用"SmartArt 工具 / 设计"选项卡修改图示的外观。

（10）选中 SmartArt 图形，单击"SmartArt 工具 / 设计"选项卡中的"SmartArt 样式"组中的"更改颜色"下拉按钮，在弹出的下拉菜单中选择"彩色范围—个性色 3 至 4"选项，效果如图 10-62 所示。

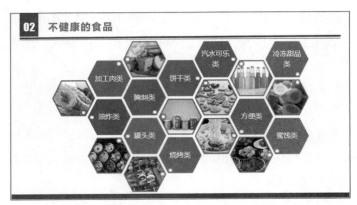

图 10-62　更改颜色的效果

用户也可以在"SmartArt 工具 / 格式"选项卡中的"形状样式"组中，利用"形状填充"和"形状轮廓"按钮修改形状的填充色和边框颜色。

（11）单击"SmartArt 工具设计"选项卡中的"SmartArt 样式"列表框右侧的下拉按钮，在预置的样式方案中选择"卡通"选项，效果如图 10-63 所示。

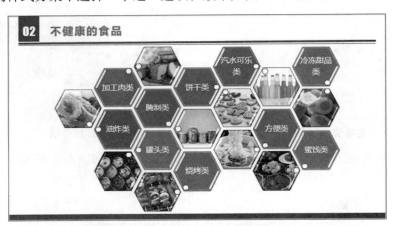

图 10-63　设置 SmartArt 样式后的效果

教你一招： 旋转 SmartArt 图形

在创建 SmartArt 图形之后，如果选中其中单个的形状，则可看到旋转手柄，可以使用旋转手柄对形状进行旋转或者翻转操作。如果选中整个 SmartArt 图形，则不显示旋转手柄，无法对图形进行旋转。

（1）先复制一个 SmartArt 图形（见图 10-64），然后单击右键，在弹出的快捷菜单中选择"转换为形状"选项。

（2）选中图形，图形的变形边框上会显示旋转手柄，点击手柄即可旋转图形。例如，向右旋转 30° 的效果如图 10-65 所示。

图 10-64　SmartArt 图形

图 10-65　向右旋转 30° 的效果

注意，将 SmartArt 图形转换为形状是不可逆的，也就是说，转换之后的形状失去了 SmartArt 图形的功能，只是普通的形状，不能再转换为 SmartArt 图形。因此，建议在转换之前先保留一个副本。

（3）按住【Ctrl】键选中所有形状，拖动形状变形边框上的旋转手柄，向左旋转形状，效果如图 10-66 所示。

（4）调整文本框到合适的位置（如图 10-67）。

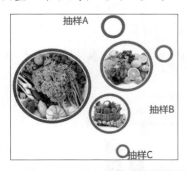

图 10-66　向左旋转形状的效果

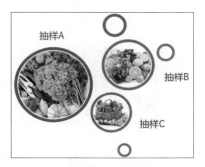

图 10-67　调整文本框位置的效果

10.1.6　插入图表——抽检不合格统计分析

所谓图表，泛指在屏幕中显示的、可直观展示统计信息的图形，是一种能直观、形象地描述数据，而且能定量、精确地将对象属性数据可视化的手段。

下面以制作幻灯片"抽检不合格统计分析"为例，介绍在幻灯片中插入图表的方法。

（1）打开幻灯片"抽检不合格统计分析"，如图 10-68 所示。

（2）单击"插入"选项卡中的"插图"组中的"图表"按钮，

图 10-68　幻灯片初始状态

弹出"插入图表"对话框。在左侧的分类列表中选择"柱形图"选项，然后在图表列表中选择"三维簇状柱形图"选项，如图 10-69 所示。

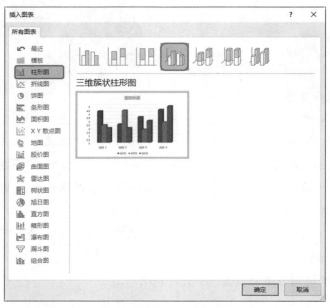

图 10-69　"插入图表"对话框

（3）单击"确定"按钮，关闭对话框，即可在幻灯片中插入图表，并打开 Excel 窗口用于编辑图表数据，如图 10-70 所示。

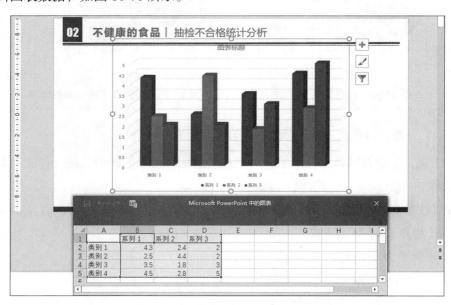

图 10-70　插入图表

图表对象是 Excel 数据表，每个图表都对应于一个 Excel 数据表。

（4）在 Excel 中编辑数据表，图表随之发生变化，如图 10-71 所示。

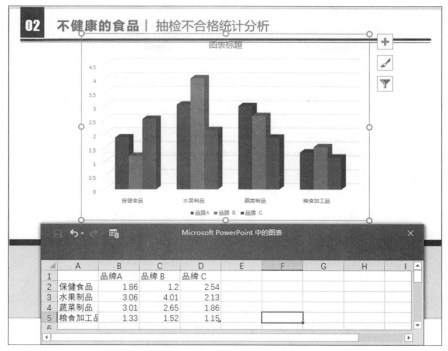

图 10-71　编辑图表数据

（5）创建图表后，还可以编辑图表，设置图表外观。

有关设置以及编辑图表的详细内容请参见本书第一部分的相应章节。最终效果如图
10-72 所示。

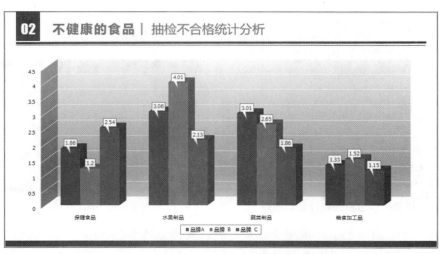

图 10-72　图表的最终效果

10.2　使用表格显示数据——包装袋上的秘密

表格由按行、列排布的文本或者数据构成，行、列交叉处的小方格称为单元格。使用

表格能简单明了地展示数据。

下面以制作幻灯片"包装袋上的秘密"为例，介绍在幻灯片中插入表格、设置表格底纹和边框、输入数据以及插入行、合并单元格的方法。

（1）打开演示文稿"食品安全知识"，切换到"普通"视图，并定位到幻灯片"包装袋上的秘密"，如图 10-73 所示。

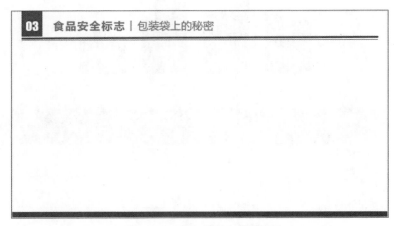

图 10-73　幻灯片的初始效果

（2）单击"插入"选项卡中的"表格"组中的"表格"按钮，弹出下拉菜单，在表格模型中按住鼠标左键并向右下角拖动，设置表格所需的行数和列数，如图 10-74 所示。

（3）释放鼠标左键，即可在幻灯片中插入一个指定大小的表格，且默认套用表格样式，如图 10-75 所示。

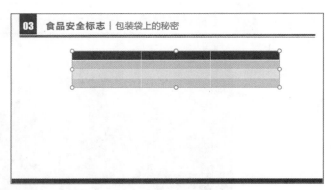

图 10-74　在表格模型中设置表格行数和列数　　　　　图 10-75　插入表格

在如图 10-72 所示的下拉菜单中选择"插入表格"选项，弹出"插入表格"对话框，设置行数为 4，列数为 3，如图 10-76 所示，单击"确定"按钮，即可插入一个 4 行 3 列的表格。

（4）将鼠标指针移到表格变形框四个角上的一个圆形控制手柄上，当指针变为双向箭头时，按住鼠标左键并拖动，即可调整表格大小，如图 10-77 所示。

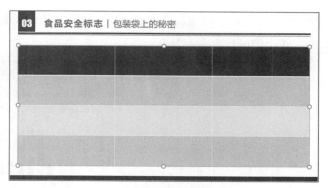

图 10-76　"插入表格"对话框

图 10-77　调整表格大小

如果默认套用的表格样式不符合设计要求，则可自定义表格底纹和边框。

（5）选中表格，在"表格工具 / 设计"选项卡中的"表格样式选项"组中，取消选中"标题行"复选框，选中"镶边行"复选框，效果如图 10-78 所示。

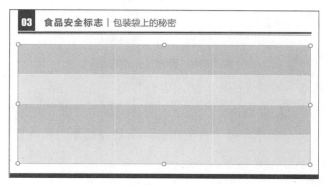

图 10-78　取消显示标题行的效果

选中"镶边行"复选框，在套用表格样式时，相邻的两行可以显示为不同的底纹，以增强表格数据的可读性。

（6）选中表格，单击"表格工具 / 设计"选项卡中"表格样式"列表框右侧的下拉按钮，在弹出的下拉菜单中选择"中等样式 1 —强调 5"选项，效果如图 10-79 所示。

图 10-79　套用表格样式的效果

如果内置的样式列表中没有合适的样式，则可单击"表格工具 / 设计"选项卡中的

"表格样式"组中的"底纹"下拉按钮，在弹出的下拉菜单中可以自定义单元格的底纹和填充色，如图 10-80 所示。

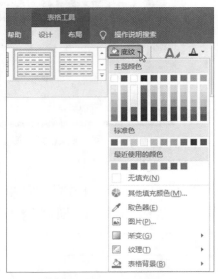

图 10-80　设置单元格底纹

本例将在表格的第一列插入图片，因此要合并第一列单元格。

（7）选中第一列单元格并右击，在弹出的快捷菜单中选择"合并单元格"选项。第一列的四个单元格合并为一个单元格，且使用合并前最顶端单元格的底纹样式，如图 10-81所示。

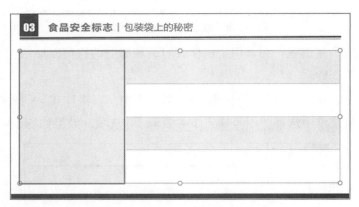

图 10-81　合并单元格后的效果

在 PowerPoint 中选取表格元素的方法如下。

❑ 选取单元格：在单元格中单击。

❑ 选取单元格区域：按住鼠标左键在表格中拖动一个矩形区域，即可选中矩形区域中的所有单元格；或者先选中一个单元格，然后按住【Shift】键单击另一个单元格，即可选中两个单元格之间的矩形区域或者行、列。

使用【Shift+ 方向】组合键也可以选取单元格区域，如果起始单元格中有文本，则按住【Shift+ 方向】组合键将选取单元格中的文本，当选取光标超过单元格的时候，才开始选取单元格区域。

- 选取行和列：可以用鼠标拖动的方法选取，也可以先选中一个单元格，然后单击"表格工具 / 布局"选项卡中的"表"组中的"选择"下拉按钮，在弹出的下拉菜单中选择"选择列"和"选择行"选项，如图 10-82 所示，分别选择当前单元格所在的列或者行。

图 10-82　"选择"命令的下拉菜单

- 选取表格：单击表格中的任意一个单元格，或表格的边框。

利用"表格工具 / 设计"选项卡中的"绘制边框"组中的"橡皮擦"工具，擦除要合并区域中的边框线，也可以合并单元格。

拆分单元格也有相应的两种方法。

- 选取要拆分的单元格，单击"表格工具 / 布局"选项卡中的"合并"组中的"拆分单元格"按钮。拆分后，原单元格中的内容将显示在左上角的单元格中。
- 利用"绘制表格"工具在要拆分的单元格中绘制分隔线。在拆分的同时，可以将原单元格中的内容切分到不同的单元格中。

接下来自定义表格边框样式。

（8）选中表格，单击"表格工具 / 设计"选项卡中的"绘制边框"组中的"笔颜色"下拉按钮，在弹出的下拉菜单中选择浅褐色；在"笔画粗细"下拉列表中选择"1.0 磅"选项；然后单击"表格样式"组中的"边框"下拉按钮，在弹出的下拉菜单中选择"内部框线"选项，效果如图 10-83 所示。

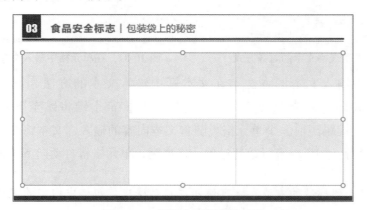

图 10-83　设置内部框线的效果

至此，表格外观格式化完成，接下来就可以在表格中添加内容了。首先在第一列的单元格中插入图片。

（9）单击"插入"选项卡中的"图像"组中的"图片"按钮，在弹出的"插入图片"对话框中选择需要使用的图片，单击"打开"按钮，在幻灯片中插入图片。调整图片的大小和位置，效果如图 10-84 所示。

（10）选中图片，单击"图片工具 / 格式"选项卡中的"图片样式"列表框右侧的下拉按钮，在样式列表中选择"柔化边缘矩形"选项，效果如图 10-85 所示。

图 10-84　插入图片

图 10-85　设置图片样式

接下来设置单元格中文本的对齐方式，并输入文本。

（11）选中第一行第二列和第三列的单元格，依次单击"表格工具 / 布局"选项卡中的"对齐方式"组中的"居中"和"垂直居中"按钮，如图 10-86 所示。

（12）分别在第一行第二列单元格和第三列单元格中输入文本，然后选中两列文本，单击"开始"选项卡中的"字体"组中的"加粗"按钮。效果如图 10-87 所示。

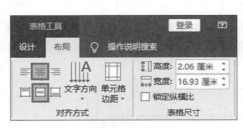
图 10-86　设置表格文字的对齐方式

图 10-87　在单元格中输入文本并格式化

在单元格中输入文本的方法与在文本框中输入文本的方法相同，按【Enter】键结束一个段落并开始一个新段落。不同的是，按【Tab】键将跳至下一个单元格，按【Shift+Tab】组合键跳至前一个单元格。随着文本内容的输入，文本将在当前单元格的宽度范围内自动换行，如果内容行数超过单元格高度，单元格将自动向下扩张。

 提示　　双击列标题的右边界，可使列宽自动适应单元格中内容的宽度。

（13）按照同样的方法，在第三行第二列和第三列单元格中输入文本并将其格式化，效果如图 10-88 所示。

（14）选中第二行第二列和第三列的单元格，依次单击"表格工具 / 布局"选项卡中的"对齐方式"组中的"左对齐"和"垂直居中"按钮，然后输入文本。使用同样的方法，在第四行第二列和第三列单元格中输入文本，效果如图 10-89 所示。

图 10-88　输入文本并格式化

图 10-89　输入文本

在表格中输入文本以后，可以根据需要调整表格的行高或列宽。

（15）将鼠标指针移到表格的内部竖框线上，当指针变为横向的双向箭头 ◂╟▸ 时，按住鼠标左键并拖动，即可调整列宽，效果如图 10-90 所示。

（16）将鼠标指针移到表格的内部竖框线上，当指针变为纵向的双向箭头 ⬍ 时，按住鼠标左键并拖动，即可调整行高。

本例的最终效果如图 10-91 所示。

图 10-90　调整列宽

图 10-91　幻灯片的最终效果

创建表格后，还可以根据需要在表格中添加、删除行或列，以扩充或缩减表格内容。

单击要插入行或列邻近的单元格，在"表格工具 / 布局"选项卡中的"行和列"组中，选择要插入的位置，如图 10-92 所示。例如，单击"在下方插入"按钮，即可在选中单元格所在行的下方插入一行单元格。

图 10-92　"行和列"组

教你一招： 快速插入表格行

将插入点放在表格最后一行的最后一个单元格的末尾，按【Tab】键即可在表格的底部插入一行。

如果不再需要某行或某列中的数据，则可选中要删除的行或列，单击"表格工具 / 布局"选项卡中的"行和列"组中的"删除"下拉按钮，在弹出的下拉菜单中选择相应的选项，如图 10-93 所示。

图 10-93　"删除"下拉菜单

 在选中单元格区域或者行、列时，按【Delete】键并不会删除单元格行、列，而会删除单元格中的内容。

10.3　添加音频和视频

在幻灯片中除了可以插入图形对象和表格，还可以插入声音、视频等多媒体对象，制作声像效果俱佳的幻灯片。在幻灯片中（尤其是讲解内容比较多的幻灯片中），使用音频和视频不仅能简化页面，吸引观众注意，还能使讲解内容更明晰易懂。

10.3.1　插入音频——背景音乐

在编辑好幻灯片内容之后，为幻灯片添加背景音乐或者为演示文本添加配音，可以增强演示文稿的表现力。

下面以在标题幻灯片中插入音频为例，介绍在幻灯片中插入音频、更换音频图标、设置图标样式以及指定播放方式的方法。

（1）打开要插入音频的幻灯片，如图 10-94 所示。

（2）单击"插入"选项卡中的"媒体"组中的"音频"下拉按钮，在弹出的下拉菜单中选择视频来源。例如，选择"PC 上的音频"选项，弹出"插入音频"对话框。选中需要的音频文件后，单击"插入"按钮，即可在幻灯片中央显示插入的音频图标及播放控件，如图 10-95 所示。

（3）选中音频图标，调整图标的大小和位置，如图 10-96 所示。

图 10-94　要插入音频的幻灯片

图 10-95　插入音频

图 10-96　调整音频图标大小和位置

　　　　　　如果不希望在幻灯片上显示音频图标，则可将图标拖放到幻灯片编辑区之外。

　　为了保持页面美观，可以更改音频图标、设置音频图标的样式和颜色效果。

　　（4）选中音频图标，单击"音频工具/格式"选项卡中的"调整"组中的"更改图片"按钮，选择要更换的图标来源。在弹出的"插入图片"对话框中选择需要使用的图标，单击"打开"按钮，即可更换图标，效果如图 10-97 所示。

　　（5）选中音频图标，在"音频工具/格式"选项卡中的"图片样式"组中可以设置音频图标的外观样式。例如，应用"映像棱台，白色"样式的效果如图 10-98 所示。

图 10-97　更改音频图标

图 10-98　设置图标样式后的效果

　　接下来在如图 10-99 所示的"音频工具/播放"选项卡中设置音频的播放方式。

图 10-99　"音频工具播放"菜单选项卡

　　（6）单击"剪裁音频"按钮，弹出如图 10-100 所示的"剪裁音频"对话框。拖动绿色的滑块即可指定音频开始播放的位置；拖动红色的滑块即可指定音频结束的位置。单击"上一帧"按钮◀或"下一帧"按钮▶，即可微调时间。

图 10-100　"剪裁音频"对话框

剪裁音频后，单击"播放"按钮，即可预览音频效果。

> 如果希望快速定位到某个时间点播放音频，则可在音频播放控件上将音频拖动到指定位置后，单击"添加书签"按钮。

在默认情况下，在幻灯片中插入的音频不会跨幻灯片播放，即当前幻灯片切换时，音频将停止播放。在本例中，我们希望插入的音频作为背景音乐一直播放，所以接下来进一步设置音频播放方式。

（7）单击"音频选项"组中的"开始"下拉按钮，设置幻灯片放映时音频的播放方式。播放方式有自动播放或单击时播放。本例选择"自动"选项，如图 10-101 所示。

图 10-101　设置音频播放方式

（8）选中"音频选项"组中的"跨幻灯片播放"和"循环播放，直到停止"复选框。这样，音频在幻灯片放映时将一直循环播放。

10.3.2　插入视频剪辑——解读新食品安全法

视频技术最早是为电视系统而产生的，随着网络技术的飞速发展，视频已发展为记录生活瞬间、展示产品特性的一种强有力的工具。在演示文档中使用视频辅助展示和讲演，可以增强表现力，获得更完美的演示效果。

下面以制作幻灯片"解读新食品安全法"为例，介绍在幻灯片中插入视频、设置视频形状和边框效果、添加预览图像以及指定播放方式的方法。

（1）打开要加入视频文件的幻灯片，单击"插入"选项卡中的"媒体"组中的"视频"下拉按钮，在弹出的下拉菜单中选择视频来源。例如，选择"PC 上的视频"选项，弹出"插入视频文件"对话框，选中需要的视频文件后，单击"插入"按钮，即可在幻灯片中央显示插入的视频，如图 10-102 所示。

图 10-102　插入视频剪辑

如果视频尺寸与设计需要不符，则可将鼠标指针移到视频变形框顶点位置的控制手柄上，当指针变为双向箭头时，按住鼠标左键并拖动，即可调整视频文件的显示尺寸。

需要注意的是，在调整视频尺寸时，应当尽量保持视频的长宽比一致，以免影像比例失真。

为了使视频播放窗口更美观，可以设置视频剪辑未播放时的预览图像。

（2）选中视频剪辑，单击"视频工具 / 格式"选项卡中的"调整"组中的"海报框架"下拉按钮，在弹出的下拉菜单中选择预览图像的来源。图像来源可以是视频剪辑的当前帧画面，也可以是计算机中的图片或联机图片。设置海报框架后的效果如图 10-103 所示。

（3）单击"视频工具 / 格式"选项卡中的"视频样式"列表框的下拉按钮，在样式列表中选择"监视器，灰色"选项，效果如图 10-104 所示。

图 10-103　设置视频剪辑的海报框架

图 10-104　设置视频的外观样式

（4）单击"视频工具格式"选项卡中的"视频样式"组中的"视频边框"下拉按钮，设置视频边框的填充颜色为深褐色，然后调整视频的位置，效果如图 10-105 所示。

设置好视频的外观样式之后，还可以指定视频剪辑的播放方式。

（5）单击"视频工具 / 播放"选项卡中的"视频选项"组中的"开始"下拉按钮，在弹出的下拉列表中选择幻灯片放映时视频的播放方式，如图 10-106 所示。

图 10-105　修改视频边框的填充色

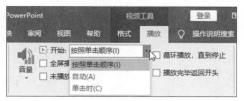
图 10-106　设置视频播放方式

PowerPoint 2019 提供了两种视频播放方式，一种是放映时自动播放，另一种是放映时单击播放。

在"视频工具 / 播放"选项卡中，还可以设置视频播放时的淡化效果、剪辑视频、播放音量等。

接下来完善幻灯片的其他部分。

（6）单击"插入"选项卡中的"文本"组中的"文本框"下拉按钮，在弹出的下拉菜单中选择"绘制横排文本框"选项。在幻灯片中绘制一个文本框并输入文本，效果如图10-107所示。

（7）选中文本框，单击"开始"选项卡中的"段落"组中的"转换为 SmartArt 图形"按钮，在弹出的列表中选择"基本矩阵"选项，效果如图 10-108 所示。

图 10-107　添加文本框

图 10-108　将文本框转换为 SmartArt

（8）选中 SmartArt 图形，将其调整到合适大小和位置，然后在"SmartArt 工具 / 设计"选项卡中更改图形的颜色和样式，效果如图 10-109 所示。

至此，幻灯片制作完成，将鼠标指针移到视频图标上时会出现播放控件，如图 10-110所示。

图 10-109　格式化 SmartArt 图形

图 10-110　播放控件

10.1.1　插入图片——食品安全
　　　　标志

10.1.2　插入形状——食品安全
　　　　等级

10.1.5　插入 SmartArt 图形——不
　　　　健康的食品

10.1.6　插入图表——抽检不合格
　　　　统计分析

10.2　使用表格显示数据——包装
　　　袋上的秘密

10.3.1　插入音频——背景音乐

10.3.2　插入视频剪辑——解读新
　　　　食品安全法

第11章 统一演示文稿风格——诵读经典

通常情况下，演示文稿中所有的幻灯片都具有一致的外观。控制幻灯片外观的方法主要有三种，分别是设计主题、母版和模板。

本章将详细讲述通过设计主题、设置母版和保存模板统一幻灯片的外观和风格的操作方法。

11.1 认识主题

主题是指一组预定义的颜色、字体、背景和视觉效果（如阴影、反射、三维效果等）的设计方案，它决定了幻灯片的主要外观，包括背景、预制的配色方案、背景图形等。通过使用主题，可以轻松赋予演示文稿统一、专业的外观。例如，文本和图形（包含表格、形状等）将会自动采用主题定义的大小、颜色和位置；深色的文本显示在浅色背景上或反之，以增强对比度，便于阅读。

PowerPoint 在"设计"选项卡上提供了多个预设主题，如图 11-1 所示。

图 11-1 预设的主题列表

单击"主题"列表框右下角的下拉按钮，弹出主题列表，如图 11-2 所示。

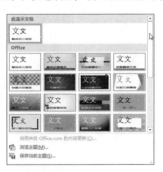

图 11-2 主题列表

主题包含预定义的格式和配色方案，可以应用到任意演示文稿中。单击任意主题，当前演示文稿即可自动套用主题。应用不同主题的演示文稿如图 11-3 所示。

应用主题后，还可以在"主题"列表框右侧的"变体"列表框中选择当前主题的不同配色方案，如图 11-4 所示。

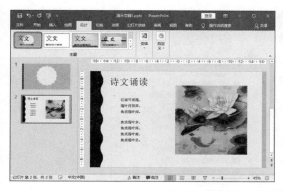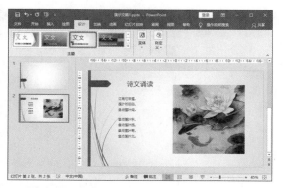

图 11-3　应用不同主题的效果

切换到幻灯片母版视图，可以看到在演示文稿所使用的每个主题包括一个幻灯片母版和一组相关版式，如图 11-5 所示。如果在演示文稿中使用了多个主题，幻灯片母版视图将显示多个幻灯片母版和多组版式。

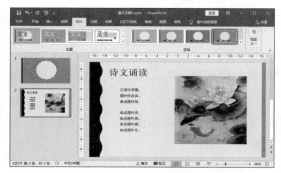

图 11-4　修改配色方案后的效果

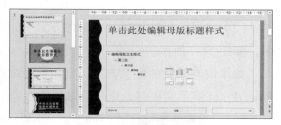

图 11-5　幻灯片母版视图

11.2　自定义主题元素

如果预设的主题不能满足设计需要，那么用户可以自定义主题元素。主题元素包括颜色、字体、效果和背景样式。

11.2.1　主题颜色

主题颜色又称配色方案，是一组可用于演示文稿的预设颜色，由背景、文本和线条、阴影、标题文本、填充、强调、强调文字和超链接、强调文字和已访问的超链接八个颜色组成。配色方案中的每种颜色会自动应用于幻灯片中的不同组件，用户可以为选定的部分幻灯片挑选一种局部的配色方案。

自定义主题颜色的方法如下。

（1）单击"设计"选项卡中的"变体"列表框右下角的下拉按钮，在弹出的下拉菜单中选择"颜色"选项，弹出级联菜单，如图 11-6 所示。

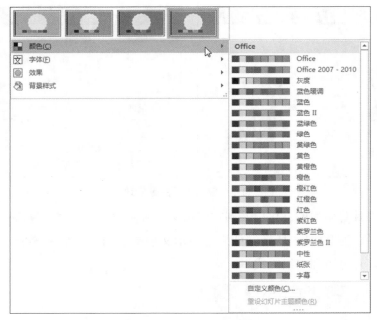

图 11-6 "颜色"级联菜单

（2）将鼠标指针移到一个配色方案上，即可在编辑区域查看文本样式和颜色的显示效果，如图 11-7 所示。

如果没有满意的配色方案，则用户可以自定义配色方案并将其保存。下次在创建新的 PowerPoint 演示文稿时，用户可以使用自定义的颜色方案。

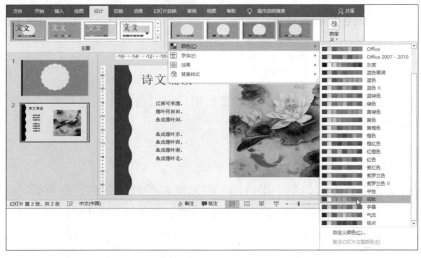

图 11-7 查看配色方案"纸张"的显示效果

（3）在"颜色"级联菜单中选择"自定义颜色"选项，弹出"新建主题颜色"对话框，如图 11-8 所示。

主题颜色包含四种文本和背景颜色、六种强调文本颜色以及两种超链接颜色。

（4）单击主题颜色名称右侧的颜色框，在弹出的颜色设置面板中选择颜色，如图 11-9 所示。

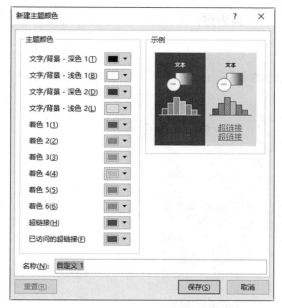

图 11-8　"新建主题颜色"对话框

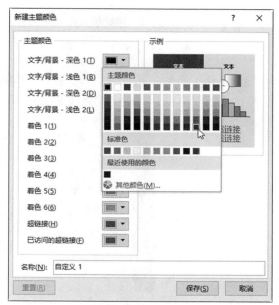

图 11-9　设置主题颜色

提示　　　　打开"新建主题颜色"对话框之后，按【Alt】键＋主题标签右侧括号中的字母或数字，也可以打开对应的颜色设置面板。例如，按【Alt+T】组合键可以打开如图 11-9 所示的颜色设置面板；按【Alt+6】组合键可以打开"着色 6"的颜色设置面板。

（5）按照同样的方法，更改其他主题元素的颜色。将"文字 / 背景 - 深色 1"更改为墨绿色，将"文字 / 背景 - 深色 2"更改为褐色，将"文字 / 背景 - 浅色 2"更改为浅黄色，如图 11-10 所示。

图 11-10　修改主题颜色

（6）在"名称"文本框中输入新主题颜色的名称，如"古典 1"，然后单击"保存"按钮，关闭对话框，此时的演示文稿如图 11-11 所示。

图 11-11　应用自定义配色方案的演示文稿

此时，在"主题颜色"级联菜单中可以看到自定义的配色方案，如图 11-12 所示。

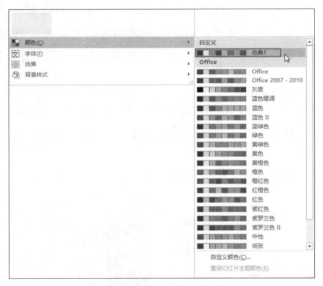

图 11-12　自定义的配色方案

选中的配色方案默认应用于当前演示文稿中的所有幻灯片，也可以选择某些幻灯片应用指定的配色方案。

（7）选中要应用配色方案的幻灯片并右击，在弹出的快捷菜单中选择"应用于所选幻灯片"选项，如图 11-13 所示。

需要将当前配色方案应用于多张幻灯片时，可按住【Ctrl】键单击幻灯片缩略图，选中多张幻灯片。

需要修改配色方案时，可以在快捷菜单中选择"编辑"选项，打开如图 11-14 所示的"编辑主题颜色"对话框进行修改。

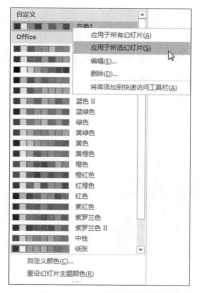

图 11-13　应用配色方案

图 11-14　"编辑主题颜色"对话框

需要删除自定义的配色方案时，可以在如图 11-13 所示的快捷菜单中选择"删除"选项，然后在弹出的提示对话框中单击"是"按钮。

11.2.2　主题字体

更改主题字体可以更新演示文稿中的所有标题和项目符号文本。

自定义主题字体的方法如下。

（1）单击"设计"选项卡中的"变体"列表框右下角的下拉按钮，在弹出的下拉菜单中选择"字体"选项，在弹出的级联菜单中选择"自定义字体"选项，弹出"新建主题字体"对话框，如图 11-15 所示。

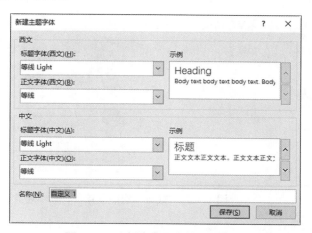

图 11-15　"新建主题字体"对话框

（2）分别在"标题字体"和"正文字体"下拉列表框中选择要使用的中文字体和西文字体。在下拉列表框右侧可以看到字体的示例效果。

（3）设置完成后，在"名称"文本框中输入新主题字体的名称。

（4）单击"保存"按钮，关闭对话框。

此时，演示文稿中的所有幻灯片将自动应用自定义的主题字体。例如，设置标题字体为"黑体"，正文字体为"隶书"，应用主题字体后的效果如图 11-16 所示。

图 11-16　应用自定义主题字体后的效果

11.2.3　主题效果

主题效果包括阴影、映像、线条和填充等。在 PowerPoint 2019 中，可以将主题效果应用于演示文稿，但无法自定义主题效果。

设置主题效果的方法如下。

（1）单击"设计"选项卡中的"变体"列表框右下角的下拉按钮，在弹出的下拉菜单中选择"效果"选项，弹出级联菜单，如图 11-17 所示。

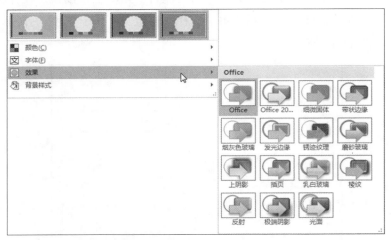

图 11-17　"效果"级联菜单

（2）单击要使用的效果。

11.2.4　背景样式

通过背景样式功能可以控制幻灯片背景颜色的显示样式，并能控制母版中的背景图片是否显示。

自定义背景样式的方法如下。

（1）单击要添加背景的幻灯片。需要选择多张幻灯片时，可单击某张幻灯片，然后按住【Ctrl】键并单击其他幻灯片。

（2）单击"设计"选项卡中的"变体"列表框右下角的下拉按钮，在弹出的下拉菜单中选择"背景样式"选项，弹出级联菜单，如图 11-18 所示。

当"背景样式"级联菜单中显示的四种颜色是在主题颜色中设置的文本或背景颜色。

（3）单击一种背景样式，在演示文稿编辑区可以查看背景样式的应用效果。

当背景样式列表中的背景效果不能满足设计需要时，用户还可以进一步设置背景格式。

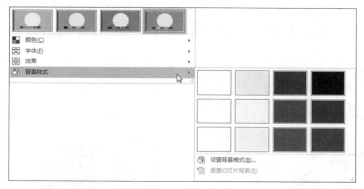

图 11-18　背景样式

（4）在如图 11-18 所示的"背景样式"级联菜单中选择"设置背景格式"选项，弹出如图 11-19 所示的"设置背景格式"任务窗格。

图 11-19　"设置背景格式"任务窗格

幻灯片背景包括颜色、过渡效果、纹理、图案和图片。在一张幻灯片或者母版上只能使用一种背景。设置的背景默认应用于当前幻灯片，单击"应用到全部"按钮，则可将其应用于全部幻灯片和幻灯片母版；单击"重置背景"按钮，则取消背景设置。

请注意！ 如果选中"隐藏背景图形"复选框，则母版的图形和文本不会显示在当前幻灯片中。在讲义的母版视图中，该选项不可用。

❑ 纯色填充

纯色填充是指使用一种单一的颜色作为幻灯片背景颜色。

选中"纯色填充"单选按钮之后，单击"颜色"右侧的"填充颜色"下拉按钮 🖌▾ 弹出颜色面板，然后选择所需的颜色。

如果没有需要的颜色，则可选择"其他颜色"选项，弹出如图 11-20 所示的"颜色"对话框。在"标准"选项卡的颜色列表中可以选择常用的颜色，并设置透明度；如果要更加细致地设置颜色或者自定义颜色，可以在"自定义"选项卡左边的颜色方框中选择色彩和纯度，然后通过右边的滑动条上确定亮度，或者直接选择颜色模式，并分别键入颜色的分量值。

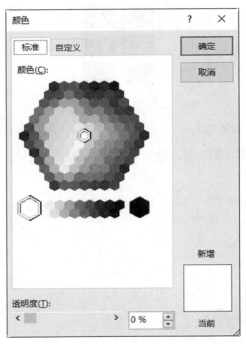

图 11-20 设置背景颜色

纯色填充效果如图 11-21 所示。

图 11-21　纯色填充效果

❑ **渐变填充**

渐变是指由一种颜色逐渐过渡到另一种颜色。

（1）选中"渐变填充"单选按钮之后，"设置背景格式"任务窗格显示渐变填充选项，如图 11-22 所示。

（2）在"预设渐变"下拉列表框中选择预定义的渐变颜色方案。

（3）在"类型"下拉列表框中选择颜色过渡的方式。

（4）在"方向"下拉列表框中选择渐变色的排列方式。

（5）在"角度"微调框中设置渐变色的旋转角度。

在"渐变光圈"区域进一步设置渐变色的效果，增加或删除渐变色中的一种或多种颜色。

（6）选中第一个渐变光圈，单击"颜色"右侧的"填充颜色"下拉按钮，在弹出的颜色面板中选择填充颜色；用同样的方法设置其他颜色游标的颜色。

（7）在渐变颜色条上单击，或单击"添加渐变光圈"按钮，即可添加一个渐变光圈；单击"删除渐变光圈"按钮，即可删除当前选中的渐变光圈。

（8）在渐变光圈上按住鼠标左键并拖动，或者在"位置"微调框中设置数值，即可调整渐变光圈的位置，渐变色也随之自动更新。

（9）在"透明度"和"亮度"区域，可以通过滑块或者数值框设置当前渐变光圈的透明度和亮度。

例如，渐变类型为"线性"，第一个渐变光圈为白色，第二个渐变光圈为橙色，其他选项保留默认设置的填充效果，如图 11-23 所示。

图 11-22　渐变填充选项

图 11-23　渐变填充效果

❏ **图片或纹理填充**

选中"图片或纹理填充"单选按钮之后，"设置背景格式"任务窗格显示相应的填充选项，如图 11-24 所示。

需要设置图片背景时，可以单击"文件"按钮或"联机"按钮，在弹出的"插入图片"对话框中选择要插入的图片并点击"确定"按钮，效果如图 11-25 所示。

需要设置纹理背景时，在"纹理"下拉列表框中选择某个纹理即可。

图 11-24　图片或纹理填充选项

图 11-25　图片填充效果

如果想将一幅图片作为纹理来填充背景，那么图片的上边界和下边界、左边界和右边界应平滑衔接，这样才能获得理想的填充效果。

❑ **图案背景**

图案填充是指将以某种颜色为背景色、以前景色为线条色构成的图案作为背景填充幻灯片。

（1）选中"图案填充"单选按钮之后，"设置背景格式"任务窗格显示图案填充选项，如图 11-26 所示。

（2）单击某个图案，然后分别设置前景色和背景色，当前选中幻灯片即可填充指定的图案，如图 11-27 所示。

图 11-26　图案填充选项　　　　图 11-27　"草皮"图案填充效果

图案背景与纹理背景既相似又有所区别。相似之处是它们都是平铺一种图案来填充背景；不同之处在于，纹理可以是任意图片，而图案是系统预置好的几种样式，用户只能改变图案的前景颜色和背景颜色。

11.3　应用母版统一风格

通常情况下，一个演示文稿中所有的幻灯片包含相同的字体和图像（如徽标），使用母版可以轻松地统一幻灯片的外观。如果要修改所有幻灯片中的相同内容，那么只需要修改母版，所有幻灯片将自动更新。

在"视图"选项卡中的"母版视图"组中，可以看到 PowerPoint2019 中的母版有三种，分别是幻灯片母版、讲义母版和备注母版，如图 11-28 所示。

11.3.1　认识母版

单击"视图"选项卡中的"母版视图"组中的"幻灯片母版"按钮，进入幻灯片母版视图，如图 11-29 所示。

幻灯片母版视图左侧的窗格显示母版列表，最上方的幻灯片为幻灯片母版，它是所有幻灯片的基础，控制着演示文稿中除标题幻灯片之外的所有幻灯片的默认外观，如文字的格式、位置、项目符号的字符、配色方案以及图形项目等。

图 11-28　"母版视图"组

图 11-29　幻灯片母版视图

幻灯片母版下方是标题母版，用于设置演示文稿中的标题幻灯片，也就是第一张幻灯片。标题母版和幻灯片母版共同决定了整个演示文稿的外观。标题母版下方是幻灯片版式列表。

在幻灯片母版中有 5 个占位符，分别是标题区、对象区、日期区、页脚区、编号区。修改它们可以影响所有基于该母版的幻灯片。5 种占位符的功能如表 11-1 所示。

表 11-1　幻灯片母版中各种占位符的功能

占位符	功能
标题区	用于格式化所有幻灯片的标题，可以改变所有字体效果
对象区	用于格式化所有幻灯片主题文字，可以改变字体效果以及项目符号和编号等
日期区	用于在页眉或页脚上添加、定位和格式化日期
页脚区	用于在页眉或页脚上添加、定位和格式化说明性文字
编号区	用于在页眉或页脚上添加、定位和格式化自动页面编号

11.3.2　设置幻灯片大小

不同用途的演示文稿，尺寸也会有所差别。在制作演示文稿之前，首先要确定幻灯片的大小，以免演示时不能获得预想的效果。

（1）在"视图"选项卡中的"母版视图"组中单击"幻灯片母版"按钮，切换到幻灯片母版视图。

（2）单击"幻灯片母版"选项卡中的"大小"组中的"幻灯片大小"按钮，弹出下拉菜单，如图 11-30 所示。

（3）根据要演示的屏幕尺寸选择幻灯片的长宽比例。没有合适的尺寸时，可单击"自定义幻灯片大小"命令，弹出"幻灯片大小"对话框，如图 11-31 所示。

图 11-30　"幻灯片大小"下拉菜单

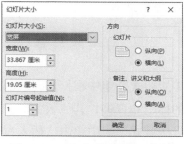

图 11-31　"幻灯片大小"对话框

（4）在"幻灯片大小"下拉列表框中可以选择预设大小，还可以在"宽度"和"高度"数值框中自定义幻灯片大小，如图 11-32 所示。

（5）在"方向"区域可以设置幻灯片的方向是纵向还是横向，以及备注、讲义和大纲的排列方向。

（6）设置好之后，单击"确定"按钮，关闭对话框。

11.3.3　自定义内容版式

幻灯片母版默认设置了多种常见版式，用户可以根据需要在幻灯片母版中添加自定义版式，以便在演示文稿中轻松添加相应版式的幻灯片。

图 11-32　选择预设大小

请注意！　　最好在开始创建幻灯片之前编辑幻灯片母版和版式，这样添加到演示文稿中的所有幻灯片都会采用指定版式。如果在创建各张幻灯片之后再编辑幻灯片母版或版式，则需要在普通视图中将更改的布局重新应用到演示文稿中的现有幻灯片。

在母版中自定义内容版式的方法如下。

（1）切换到"幻灯片母版"视图，单击"幻灯片母版"选项卡中的"编辑母版"组中的"插入版式"按钮，即可在母版中添加一个只有标题占位符的幻灯片，如图 11-33 所示。

图 11-33　插入的版式

（2）在"母版版式"组中根据需要取消选中"标题"和"页脚"复选框，在当前版式中隐藏幻灯片的标题和页脚，其他版式幻灯片不受影响。

（3）在"母版版式"组中单击"插入占位符"下拉按钮，在弹出的下拉列表中选择要容纳特定类型内容的占位符，如图 11-34 所示。

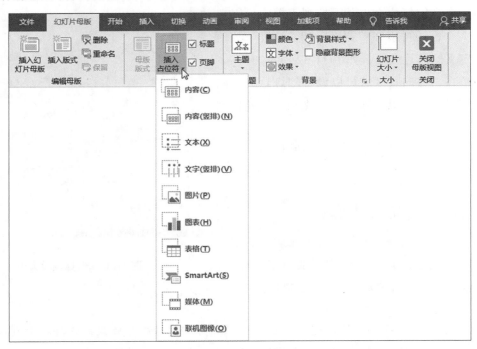

图 11-34　占位符列表

（4）选中一种占位符（如"文本"），鼠标指针变为十字形 +，按住鼠标左键并拖动到合适大小，如图 11-35 所示，释放鼠标左键，即可插入一个占位符，如图 11-36 所示。

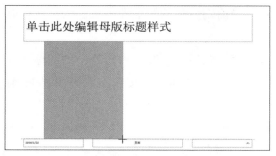

图 11-35　插入一个占位符

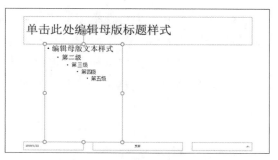

图 11-36　插入的文本占位符

　　　　拖动占位符边框上的某个角，即可调整占位符的大小；选中占位符，然后按住鼠标左键并拖动，即可移动占位符；选中占位符，按【Delete】键即可删除占位符。

（5）选中要设置文本格式的层级，例如，不希望本版式中的第一级文本左侧显示项目编号，则选中"编辑母版文本样式"，然后单击"开始"选项卡中的"项目编号"下拉按钮，在弹出的菜单中选择"无"选项，效果如图 11-37 所示。

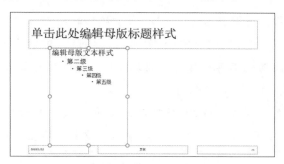

图 11-37　取消显示第一级文本的项目编号

（6）按照同样的方法插入其他占位符，例如，插入"图片"占位符的效果如图 11-38 所示。

（7）设置完毕，单击"关闭母版视图"按钮，返回普通视图。

此时，单击"开始"选项卡中的"幻灯片"组中的"版式"下拉按钮，在弹出的下拉列表中可以看到自定义的版式，如图 11-39 所示。

图 11-38　插入图片占位符

图 11-39　选择版式

（8）在"版式"下拉列表中选择自定义版式，当前幻灯片的版式即可更改为指定的版式，如图 11-40 所示。

（9）分别在标题占位符和文本占位符中输入内容，然后单击图片占位符中的图标，在弹出的"插入图片"对话框中选择需要使用的图片，单击"插入"按钮，效果如图 11-41 所示。

图 11-40　应用自定义版式后的效果

图 11-41　在幻灯片中添加内容

从图 11-41 可以看到，插入的文本和图片的大小、位置与母版中指定的大小和位置相同。

> **请注意！**　更改幻灯片母版会影响所有基于母版的幻灯片。要使个别幻灯片的外观与母版不同，可以直接修改该幻灯片。但是，对于已经改动过的幻灯片，在母版中的改动就不再起作用。因此，应该先改动母版来确定整体风格和版式，再根据需要修改个别的幻灯片。
>
> 如果幻灯片的外观已经改动，又希望恢复为母版的样式时，可以单击"开始"选项卡中的"幻灯片"组中的"重置"按钮，如图 11-42 所示。

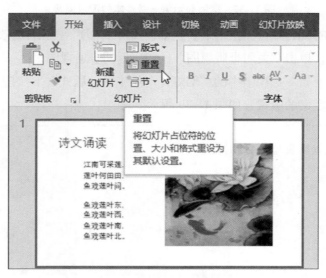

图 11-42　重新应用母版样式

11.3.4 创建并保存主题

设置好演示文稿页面大小和方向之后，接下来设置幻灯片的格式和配色方案。

（1）切换到"幻灯片母版"视图，单击"幻灯片母版"选项卡中的"背景"组中的"颜色"下拉按钮，在弹出的下拉菜单中选择一种配色方案。右击，在弹出的快捷菜单中选择"应用于幻灯片母版"选项，如图 11-43 所示。

本例应用自定义主题颜色。有关自定义主题颜色的操作方法，可参见本章上一节的内容。

（2）单击"幻灯片母版"选项卡中的"背景"组中的"字体"下拉按钮，在弹出的下拉菜单中选择主题字体。本例应用自定义主题字体，标题字体为"微软雅黑"，正文字体为"隶书"，如图 11-44 所示。

图 11-43 将配色方案应用于母版 　　图 11-44 应用自定义主题字体

（3）单击"幻灯片母版"选项卡中的"背景"组中的"背景样式"下拉按钮，在弹出的下拉菜单中选择"设置背景格式"选项，弹出"设置背景格式"任务窗格，如图 11-45 所示。

首先设置内容幻灯片的背景。

（4）选中要设置背景的幻灯片，在"设置背景格式"任务窗格中选中"图片或纹理填充"单选按钮，单击"文件"按钮，在弹出的"插入图片"对话框中选择图片，单击"插入"按钮，设置幻灯片的背景，效果如图 11-46 所示。

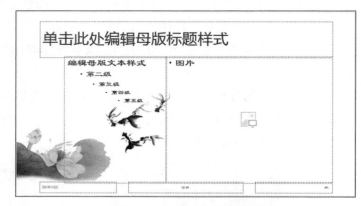

图 11-45 "设置背景格式"任务窗格　　　　　　　　**图 11-46 设置幻灯片背景的效果**

此时浏览幻灯片缩略图会发现，只有当前选中的幻灯片设置了背景，其他幻灯片没有背景，如图 11-47 所示。

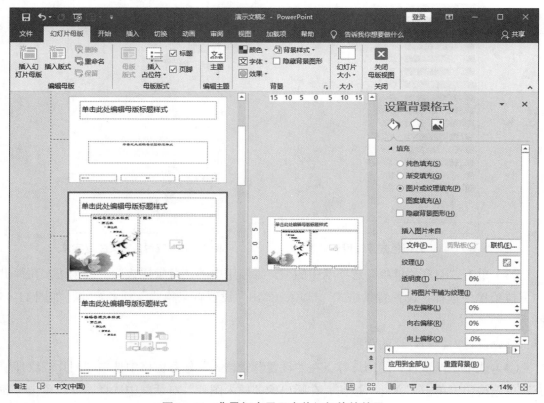

图 11-47 背景仅应用于当前幻灯片的效果

如果希望其他幻灯片也使用相同的背景，则单击"设置背景格式"任务窗格左下角的

"应用到全部"按钮，效果如图 11-48 所示。

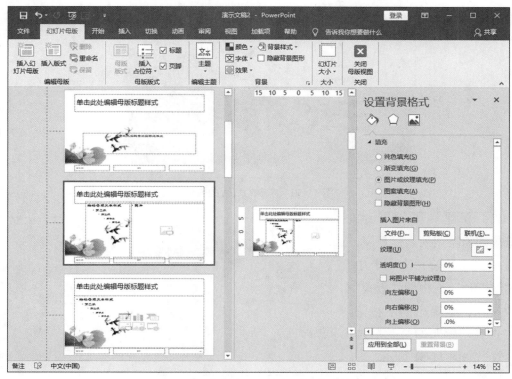

图 11-48 背景应用到全部幻灯片的效果

标题幻灯片的背景通常不同于内容幻灯片的背景，接下来设置标题幻灯片的背景。

（5）在幻灯片缩略图列表中单击"标题幻灯片"，然后在"设置背景格式"任务窗格中选中"图片或纹理填充"单选按钮，单击"文件"按钮，在弹出的"插入图片"对话框中选择图片，单击"插入"按钮，设置标题幻灯片的背景，效果如图 11-49 所示。

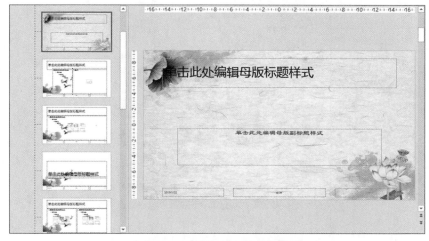

图 11-49 设置标题幻灯片的背景

（6）按照同样的方法，设置其他幻灯片的背景。设置完成后，单击"关闭母版视图"

按钮，返回普通视图。内容幻灯片的效果如图 11-50 所示。

图 11-50　内容幻灯片的效果

（7）新建一张幻灯片，并拖放到缩略图列表最顶端，然后单击"开始"选项卡中的"幻灯片"组中的"版式"下拉按钮，在弹出的下拉菜单中选择"标题幻灯片"选项，效果如图 11-51 所示。

如果希望将对颜色、字体或效果所做的更改应用到

图 11-51　应用标题幻灯片版式的效果

其他演示文稿，可将更改保存为主题（.thmx 文件）。

（8）单击"视图"选项卡中的"母板视图"组中的"幻灯片母版"按钮，然后单击"幻灯片母版"选项卡中的"主题"下拉按钮，弹出下拉菜单，如图 11-52 所示。

图 11-52　"主题"下拉菜单

（9）选择"保存当前主题"选项，弹出"保存当前主题"对话框，如图 11-53 所示。

图 11-53　"保存当前主题"对话框

（10）输入主题名称，然后单击"保存"按钮，关闭对话框。

此时，在"主题"下拉菜单中可以看到保存的主题，如图 11-54 所示。

图 11-54　保存的主题

需要删除自定义的主题时，右击主题，在弹出的快捷菜单中选择"删除"选项。

11.3.5　设置页眉和页脚

页眉和页脚容易被忽视，其实它们也是幻灯片的重要组成部分。页眉和页脚通常用于显示共同的幻灯片信息，如演示文稿的日期和时间、幻灯片编号或页码，或者是说明信息、公司徽标等。备注和讲义中也有页眉和页脚。

幻灯片中页眉和页脚的位置由对应的母版决定。如果要更改页眉和页脚的外观，就要修改母版。

（1）切换到"幻灯片母版"视图，在母版列表中选中顶部的幻灯片母版，如图 11-55 所示。

图 11-55　选中幻灯片母版

（2）单击"幻灯片母版"选项卡中的"母版版式"按钮，弹出"母版版式"对话框，如图 11-56 所示。

图 11-56　"母版版式"对话框

从图 11-56 可以看到，母版中的页脚包含三个部分：日期、幻灯片编号和页脚，它们分别对应母版底部的三个虚线方框。如果取消相应的复选框，则母版中相应的方框将不再显示。例如，取消显示日期的母版效果如图 11-57 所示。

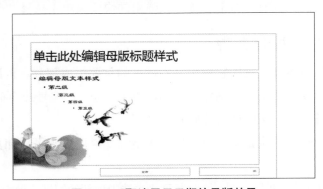

图 11-57　取消显示日期的母版效果

在标题幻灯片或某张版式幻灯片母版中隐藏页眉／页脚元素，页眉／页脚在其他母版中仍然会显示。如果要隐藏其他母版中的页眉／页脚，则可选中对应的母版，然后取消选中"幻灯片母版"选项卡中的"母版版式"组中的"页脚"复选框。

（3）在母版中拖动页眉和页脚元素到新的位置即可。例如，可以将幻灯片编号拖放到页面右上角，如图 11-58 所示。

图 11-58　移动幻灯片编号的位置

幻灯片默认从 1 开始编号，如果希望编号从其他数字开始，则可单击"幻灯片母版"选项卡中的"幻灯片大小"按钮，在弹出的"幻灯片大小"对话框中设置幻灯片编号的起始值，如图 11-59 所示。

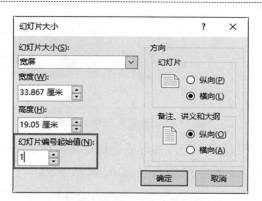

图 11-59　修改幻灯片编号起始值

接下来设置版式幻灯片的页脚。

（4）在母版列表中选中一张版式幻灯片，然后单击页脚占位符，输入内容，如"汉乐府·江南"。

（5）单击"关闭母版视图"按钮，返回普通视图。此时，幻灯片不显示页脚。

（6）单击"插入"选项卡中的"文本"组中的"页眉和页脚"按钮，弹出"页眉和页脚"对话框。选中"幻灯片"选项卡中的"页脚"复选框，如图 11-60 所示。

图 11-60　"页眉和页脚"对话框

如果希望插入的日期和时间自动更新，就要选中"日期和时间"复选框下方的"自动更新"单选按钮。

（7）标题幻灯片通常不显示编号和页脚，选中"标题幻灯片中不显示"复选框，然后单击"全部应用"按钮，关闭对话框。

此时，在幻灯片中可以看到设置的页脚，如图 11-61 所示。

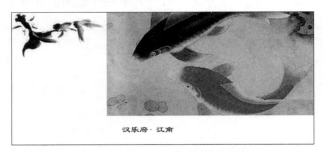

图 11-61　设置页脚后的效果

需要修改页脚的格式时，应在幻灯片母版中选中页脚内容，然后进行格式化操作。例如，将页脚文字颜色修改为红色，效果如图 11-62 所示。

图 11-62　修改页脚文本颜色后的效果

需要修改页脚内容时，应打开如图 11-60 所示的"页眉和页脚"对话框，修改页脚内容，然后单击"全部应用"按钮。

接下来设置备注和讲义的页眉页脚。

（8）单击"视图"选项卡中的"母版视图"组中的"备注母版"按钮，在"备注母版"选项卡中的"占位符"组中设置页眉 / 页脚。例如，取消显示日期的母版效果如图 11-63 所示。

（9）按照编辑幻灯片母版的方法设置备注母版的页眉 / 页脚格式和位置，然后单击"插入"选项卡中的"文本"组中的"页眉和页脚"按钮，弹出"页眉和页脚"对话框。切换到"备注和讲义"选项卡，如图 11-64 所示。

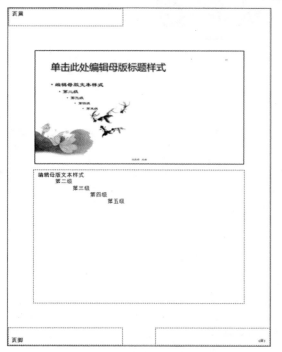

图 11-63 不显示日期的备注母版

图 11-64 "备注和讲义"选项卡

（10）根据需要选择要在备注页中显示的元素，并输入相应的内容。例如，选中"页眉"和"页脚"复选框，并分别设置页眉为"诵读经典"，页脚为"汉乐府·江南"，然后单击"全部应用"按钮，关闭对话框。

请注意！ 备注和讲义的页眉和页脚只能应用于整个演示文稿，不能仅应用于部分幻灯片。

此时，单击"文件"选项卡中的"打印"选项，在"打印版式"下拉列表框中选择"备注页"选项，即可看到备注页的打印预览效果，如图 11-65 所示。

（11）按同样的方法编辑讲义的页眉和页脚。

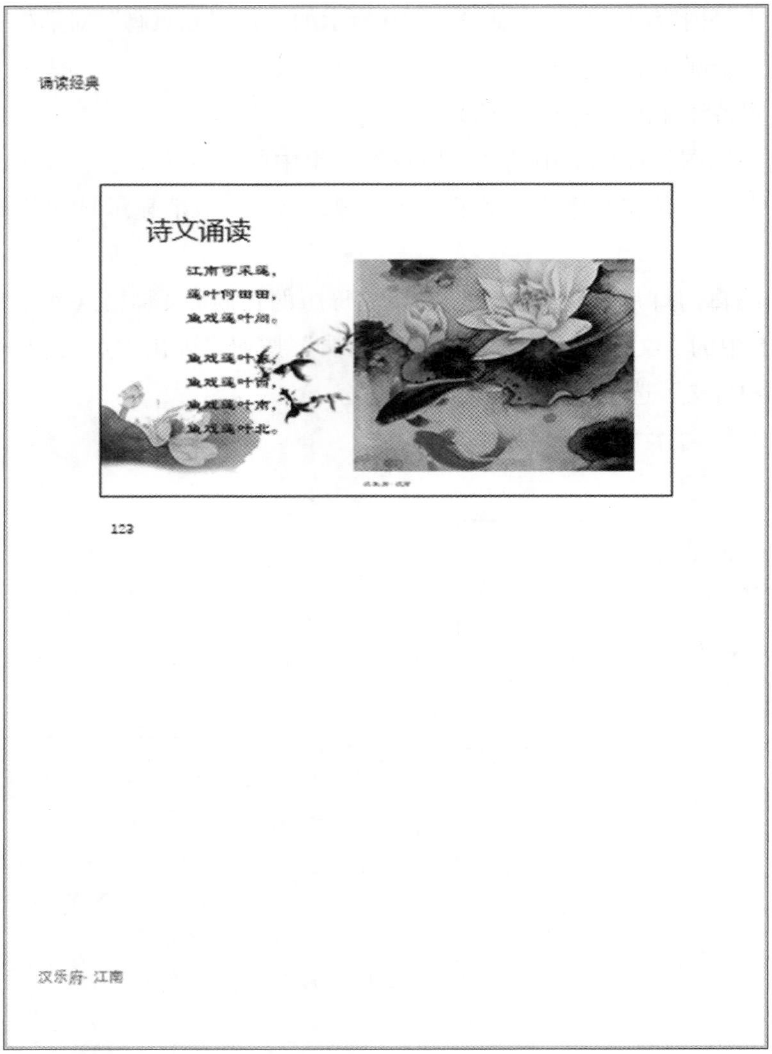

图 11-65　备注页打印预览效果

教你一招： 将演示文稿另存为 PowerPoint 模板

　　PowerPoint 模板是保存为 .potx 文件的幻灯片或幻灯片组，可以包含版式、颜色、字体、效果、背景样式甚至内容。将演示文稿另存为 PowerPoint 模板后，便可与他人共享该模板协同工作，并反复使用。要想创建模板，需要修改幻灯片母版和一组幻灯片版式。

　　（1）单击"文件"选项卡中的"另存为"选项，在弹出的"另存为"任务窗格中单击"浏览"按钮，弹出"另存为"对话框。

　　（2）在"保存类型"下拉列表框中选择"PowerPoint 模板"选项，存储位置会自动跳转到"自定义 Office 模板"文件夹，如图 11-66 所示。

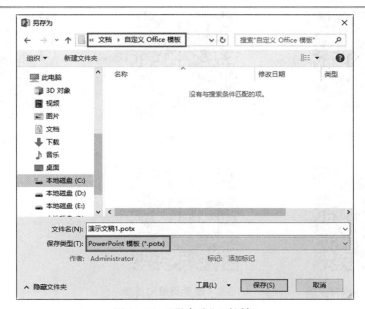

图 11-66 "另存为"对话框

（3）在"文件名"文本框中输入模板名称，然后单击"保存"按钮，关闭对话框。

需要套用模板新建演示文稿时，单击"文件"选项卡中的"新建"选项，然后在弹出的"新建"任务窗格中单击"自定义"选项卡，查看在"自定义的 Office 模板"文件夹中保存的模板，如图 11-67 所示。双击其中一个模板，即可基于该模板新建一个演示文稿。

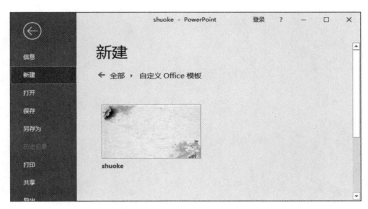

图 11-67 自定义模板

11.2.1　主题颜色

11.2.2　主题字体

11.3.3　自定义内容版式

11.3.4　创建并保存主题

11.3.5　设置页眉和页脚

第12章 修饰演示文稿

放映幻灯片时，幻灯片中的内容默认同时直接显示，显得单调乏味。如果幻灯片中的元素能根据演讲者的动作或进程以动画的形式依次出现，切换时以多变的效果进行过渡，这样不仅能吸引观众注意，还能为演示文稿增色不少。

在幻灯片浏览视图中可以查看多张幻灯片，并可以十分方便地在整个演示文稿的范围内编辑幻灯片动画效果、添加切换效果、移动和隐藏幻灯片。

12.1 创建动画效果

为幻灯片中的文本、形状、声音、图像和其他对象设置动画效果，可以突出重点、控制信息展示流程，并增强演示文稿的趣味性。

例如，可以让每个项目符号单独出现，或者让对象逐个出现，还可以设置每个项目符号或者对象出现在幻灯片中的方式（例如，从左侧飞入或从右侧飞入等），以及在添加新的页面对象时，其他项目符号或者对象是否变暗或者改变颜色。

12.1.1 添加动画——母版标题效果

在 PowerPoint 2019 中，可以对标题、文本、动作按钮、图表、多媒体等对象设置动画效果。如果在母版中设置动画方案，则可使整个演示文稿有一致的动画效果。

下面以在演示文稿"诵读经典"的母版中设置动画效果为例，介绍为幻灯片元素添加动画效果的操作方法。

（1）单击"视图"选项卡中的"母版视图"组中的"幻灯片母版"按钮，切换到母版视图。

（2）在母版列表中选中幻灯片母版，并选中一个要设置动画效果的页面元素，如标题。

（3）单击"动画"选项卡中的"高级动画"组中的"添加动画"下拉按钮，在弹出的下拉菜单中选择一种动画效果，如图 12-1 所示。

图 12-1 "添加动画"下拉菜单

在这里，可以方便地设置各个幻灯片元素进入、强调、退出的动作。在设置动画效果时，在编辑区可以看到动画的预览效果。

> 想要将动画效果仅应用于部分幻灯片时，只需要选中幻灯片，然后通过"动画"选项卡添加动画效果即可。

预览完成后，设置了动画效果的元素左侧会显示效果标号，如图 12-2 所示。

图 12-2　动画效果标号

单击效果标号可以选中对应的动画效果，且当前选中的动画效果标号显示为红色。

（4）单击"效果选项"按钮，在弹出的下拉菜单中做进一步的设置，如图 12-3 所示。

（5）在"动画"选项卡中的"计时"组中的"开始"下拉列表框中设置动画的开始方式，如图 12-4 所示，然后设置持续时间和延迟时间。

　　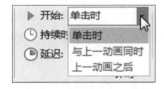

图 12-3　设置效果选项　　　图 12-4　设置动画播放的时间

一个页面元素可以添加多个动画效果。

（6）重复步骤第二步到第五步，添加其他动画效果，如图 12-5 所示。

（7）单击效果标号，在"动画"选项卡中的"动画"列表框中选中一个动画效果，替换当前选中的动画效果。

在一张幻灯片中为多个对象设置动画效果之后，还可以更改幻灯片中动画效果的出现顺序。

（8）选中一个或多个动画效果，单击"动画"选项卡中的"计时"组中的"向前移动"或"向后移动"按钮，可重新排序动画效果，如图 12-6 所示。

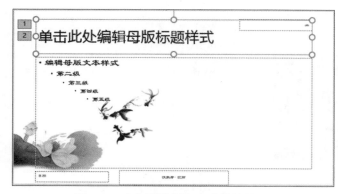

图 12-5 为标题设置多个动画效果

图 12-6 重排动画顺序

（9）在动画设置过程中及设置完成后，单击"动画"选项卡中的"预览"按钮，可以预览动画效果。

此时，单击"幻灯片母版"选项卡中的"关闭母版视图"按钮，返回普通视图。单击编辑窗口底部的"幻灯片放映"按钮，可看到指定母版的幻灯片具有一致的动画效果。

教你一招： **使用动画刷快速应用效果**

想要将其他演示文稿中的动画效果应用于当前演示文稿中时，不需要重新设置，使用动画刷工具就可以轻松实现。

（1）选择包含要复制的动画效果的幻灯片对象。

（2）单击"动画"选项卡中的"高级动画"组中的"动画刷"按钮 ★ 动画刷。

如果要向多个对象应用动画，则双击"动画刷"按钮 ★ 动画刷。

（3）打开要应用动画效果的幻灯片，单击要自动应用动画效果的幻灯片对象。

12.1.2 使用触发器——诗文赏析

在默认情况下，幻灯片中的动画效果在单击鼠标或到达排练计时的时候触发。使用触发器可以随时控制指定动画的播放，增加交互性、趣味性，并实现动作的重复播放。

触发器可以是一张图片、一个形状、一段文字或一个文本框，功能相当于一个按钮。在设置触发器后，点击触发器可以触发一个操作，如播放音乐、影片，控制幻灯片中已设定动画效果的执行等。

下面以在幻灯片"诗文赏析"中添加触发器控制图片动作为例，介绍触发器的使用条件和方法。

（1）打开演示文稿"诵读经典"，新建一张幻灯片，并添加图文，如图 12-7 所示。

（2）选中文本占位符，单击"动画"选项卡中的"动画"列表框中的"浮入"图标，此时文本占位符左侧显示效果标号，"动画"选项卡中的"高级动画"组中的"触发"按钮变为可用，如图 12-8 所示。

图 12-7 添加图文

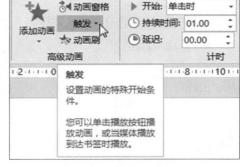

图 12-8 "触发"按钮变为可用状态

从上面的步骤可以看出，只有当幻灯片内存在自定义动画时，触发器才能使用。此时单击"触发"按钮，在弹出的下拉菜单中可以设置触发文本占位符动画的对象，如标题，如图 12-9 所示。

本例要实现的效果是单击文本占位符，触发图片占位符的动画，因此不设置触发动作。

（3）选中幻灯片中的图片，单击"动画"选项卡中的"动画"列表框中的"形状"图标，然后单击"效果选项"按钮，在弹出的下拉菜单中设置方向为"缩小"，形状为"菱形"，如图 12-10 所示。

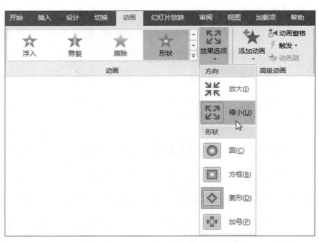

图 12-9 设置触发条件

图 12-10 设置图片的效果选项

接下来设置触发器的动作。

（4）选中添加了动画效果的图片，单击"动画"选项卡中的"高级动画"组中的"触发"按钮，在弹出的下拉菜单中选择"通过单击"选项，在弹出的级联菜单中选择"文本占位符 2"选项，如图 12-11 所示。

此时，采用了触发器动作的图片左侧的效果标号显示为⚡，如图 12-12 所示。

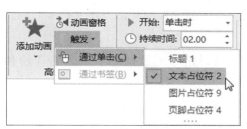

图 12-11 设置触发器动作 　　　　　　图 12-12 触发器标志

（5）单击状态栏中的"幻灯片放映"按钮，查看触发器效果。

文本从下至上浮入屏幕后，停止播放动作，等待触发器动作。将鼠标指针移到文本上，鼠标指针变为手形时，单击，右侧的图片按指定的动作效果播放，如图 12-13 所示。再次在文本上单击，则重新播放图片的动画效果。

在放映幻灯片时还可以看到，只有单击了指定的触发对象（本例中为文本占位符），图片的动画效果才会放映出来。如果单击触发对象之外的地方，则将跳过该动画效果的播放，不显示图片对象。由此可以看出，使用触发器可以让演讲者在放映时决定是否放映某一对象。

图 12-13 预览触发器效果

由于触发器附属在某项动作上，所以删除某项动作后，该项动作上的触发器也会被删除。

12.1.3 管理动画效果

如果在幻灯片中添加的动画效果较多，那么通过选择效果标号编辑动画效果会很不方便，尤其是有些效果标号可能重叠在一起。使用"动画窗格"任务窗格可以轻松地管理当前幻灯片中的所有效果。

（1）单击"动画"选项卡中的"高级动画"组中的"动画窗格"按钮，弹出"动画窗格"任务窗格，即可查看或修改当前幻灯片中所有动画效果的开始方式及持续时间，如图 12-14 所示。

对象左侧的绿色方块被称为时间方块，它可以精细地设置每个效果的开始和结束时间。

如果一个占位符中有多个段落或层级文本，则默认为折叠显示。单击效果列表中的"展开内容"按钮 ⌄ ，可以查看、设置单个段落或层次文本的效果。单击"隐藏内容"按钮 ⌃ 可恢复到整个占位符模式。

（2）将鼠标指针移动到对象右侧的时间方块上，鼠标指针将变为横向双向箭头，同时显示出对应的动画效果开始和持续的时间，如图 12-15 所示。

图 12-14 "动画窗格"任务窗格

图 12-15 调整效果的开始和持续时间

（3）按住鼠标左键并拖动时间方块右端，即可设置动画效果的结束时间，如图 12-16 所示。用鼠标拖动方块的中间，即可在保持动画的持续时间不变的同时，改变动画的开始时间，如图 12-17 所示。

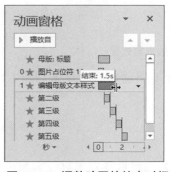
图 12-16 调整动画的结束时间

图 12-17 调整动画的开始时间

若时间方块太大或太小，不便于查看，则可调整时间尺的标度。

（4）单击"动画窗格"左下角的"秒"下拉按钮，在弹出的下拉菜单中可以放大或缩小时间尺标度，如图 12-18 所示。例如，放大时间尺标度的效果如图 12-19 所示。

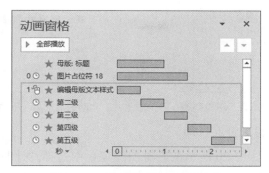

图 12-18　放大和缩小时间尺标度　　　图 12-19　放大时间尺标度的效果

（5）选中一个或多个动画效果，单击"动画窗格"右上角的"向前移动"或"向后移动"按钮，即可重新排序动画效果。

（6）右击选中的动画效果，弹出快捷菜单，修改动画设置，如图 12-20 所示。

（7）设置效果选项。

① 在如图 12-20 所示的右键快捷菜单中选择"效果选项"选项，弹出如图 12-21 所示的对话框。

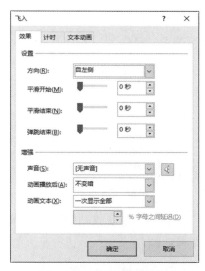

图 12-20　右键快捷菜单　　　图 12-21　"效果"选项卡

② 在"设置"区域设置效果（本例中为"飞入"）的方向和平滑程度。在"增强"区域设置动画的增强效果。

❑ 在"声音"下拉列表中选择播放动画时播放的声音效果，如图 12-22 所示。选择声音效果后，单击🔊按钮即可试听效果。

❑ 在"动画播放后"下拉菜单中，设置播放动画后的效果，可以选择不变暗或者在播放动画或下次单击后隐藏，如图 12-23 所示。

❑ 在"动画文本"下拉列表中设置动画效果一次发送的单位，如图 12-24 所示。选择"按词顺序"或"按字母顺序"还可以设置字／词或字母之间的延迟。

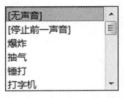

图 12-22　"声音"下拉列表　　　图 12-23　"动画播放后"下拉菜单　　　图 12-24　"动画文本"下拉列表

（8）设置计时选项。

在如图 12-20 所示的右键快捷菜单中选择"计时"选项，弹出如图 12-25 所示的对话框。在这里可以设置触发动画效果播放的条件、延迟、速度和重复方式。

如果选中的是设置了触发器的页面元素，那么"计时"选项卡中的"触发器"按钮将变为可用状态，单击该按钮即可显示相应的选项。选中"单击下列对象时启动动画效果"单选按钮，即可在后面的下拉列表框中选择用于触发该效果的对象，如图 12-26 所示。

图 12-25　"计时"选项卡　　　　　　图 12-26　触发器选项

如果选中"按单击顺序播放动画"单选按钮，则可取消指定动画效果上的触发器。

（9）设置文本动画。

在如图 12-20 所示的右键快捷菜单中选择"效果选项"选项，然后在弹出的对话框中选择"文本动画"选项卡，即可设置含有多个段落或者多级段落的正文动画效果，如图 12-27 所示。

❑ 组合文本：在该下拉列表框中可以选择段落的组合方式，如图 12-28 所示。

❑ 每隔：段落之间默认的播放间隔是 0，可以设置以秒为单位的时间间隔。

❑ 相反顺序：选中该复选框可以让段落按照从后向前的顺序播放。

图 12-27　"文本动画"选项卡　　　　图 12-28　"组合文本"下拉列表

（10）完成设置后，单击"确定"按钮，关闭对话框，然后单击"动画"选项卡中的"预览"按钮，预览动画效果。

此时，单击"幻灯片母版"选项卡中的"关闭母版视图"按钮，返回普通视图。单击编辑窗口底部的"幻灯片放映"按钮，即可看到指定母版的幻灯片具有一致的动画效果。

右击在母版中定义的动画效果，即将会弹出如图 12-29 所示的快捷菜单。

❏ 拷贝幻灯片母版效果：把母版中设置的动画效果在当前幻灯片中制作一个副本，可以修改该动画效果副本，而不影响母版中的动画效果。

❏ 查看幻灯片母版：切换到幻灯片母版视图，直接编辑母版中定义的动画效果。

图 12-29　快捷菜单

12.2　设置切换效果——诗文诵读

除了可以设置幻灯片中页面对象的动画效果，还可以设置幻灯片切换时的动画效果，以使幻灯片切换时更加醒目动人。

下面以设置幻灯片"诗文诵读"的幻灯片切换方式为例，介绍设置幻灯片切换效果的操作方法。

（1）打开演示文稿"诵读经典"，并切换到"幻灯片浏览"视图，选中要设置切换效果的一张或多张幻灯片。本例选中幻灯片"诗文诵读"。

（2）在"切换"选项卡中的"切换到此幻灯片"列表框中选择一种切换效果。本例使用"华丽"分类中的"帘式"，如图 12-30 所示。

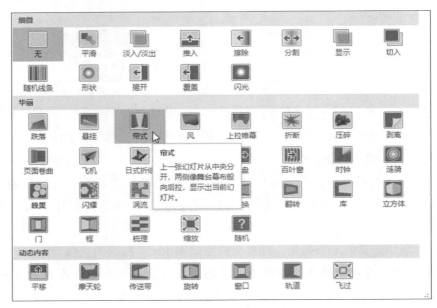

图 12-30　切换效果列表

将鼠标指针移到一种切换效果上时，将会显示关于该效果的文字说明。设置切换效果后，在幻灯片编辑区域可以查看切换效果，也可以单击"预览"按钮预览效果。

（3）单击"切换"选项卡中的"效果选项"按钮，在弹出的下拉菜单中设置切换效果。

注意，并不是每一种切换效果都有效果选项。

（4）设置声音选项。单击"切换"选项卡中的"声音"下拉按钮，在弹出的下拉列表中选择幻灯片切换时播放的声音，如图 12-31 所示。

（5）在"持续时间"数值框中设置切换效果持续的时间。

（6）设置换片方式。

PowerPoint 默认在单击鼠标时切换幻灯片，也可以设置经过指定的时间后自动切换幻灯片。

（7）单击"切换"选项卡中的"预览"按钮，在幻灯片浏览视图中观看切换效果，如图 12-32 所示。

图 12-31　"声音"下拉列表

图 12-32　预览切换效果

在幻灯片浏览视图中，每张幻灯片的下方左侧为幻灯片编号，右侧的图标为播放切换效果和动画效果的按钮，如图 12-33 所示。单击右侧的播放按钮，即可预览从前一张幻灯片切换到该幻灯片的切换效果以及该幻灯片的动画效果。

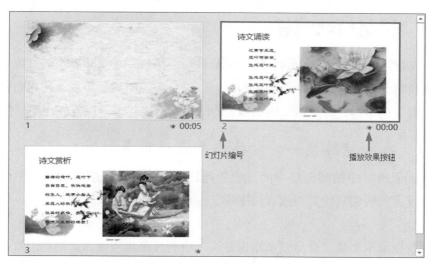

图 12-33　幻灯片浏览视图

（8）若要将设置的切换效果应用于整个演示文稿，则可单击"切换"选项卡中的"应用到全部"按钮。

值得一提的是，在切换效果列表中，PowerPoint 2019 新增了一项极具视觉冲击力的动画效果——平滑，如图 12-34 所示。

图 12-34 "平滑"切换效果

使用"平滑"切换效果，不需要设置烦琐的路径动画，只需要调整好对象的位置、大小与角度，就可以让前后两页幻灯片中相同的对象产生类似补间的过渡效果，一键实现流畅的切换和移动动画，同时幻灯片也能保持良好的阅读性。

此外，将"平滑"切换效果与"合并形状"等功能搭配，还可以快速做出很多酷炫的动画效果。

12.3 控制放映流程

在默认情况下，演示文稿中的幻灯片按编号顺序播放。在实际展示的过程中，演讲者通常会根据讲解需要调整幻灯片的展示顺序，以进一步说明某些要点。使用超链接和动作按钮可以完善文档结构，将演示文稿中相关的幻灯片链接起来，以方便在幻灯片中导航。

12.3.1 添加超链接——食品安全宣讲目录

PowerPoint 2019 中的超链接与网页中的超链接相同，设置超链接之后便可在放映幻灯片时移动或者跳转到其他文档或者程序中。这种功能和自定义放映相类似，但更为方便灵活。

下面以制作演示文稿"食品安全知识宣讲"中的目录页为例，介绍在幻灯片中插入超链接的具体操作方法。

（1）打开演示文稿"食品安全知识宣讲"，切换到目录页，选中要建立超链接的对象。超链接的对象可以是文字、图标、各种图形等，本例选择目录文本，如图 12-35 所示。

（2）单击"插入"选项卡中的"链接"组中的"链接"按钮，或者按快捷键【Ctrl ＋ K】，弹出如图 12-36 所示的"插入超链接"对话框。

图 12-35　选择超链接对象

图 12-36　"插入超链接"对话框

（3）在"链接到："列表中选择要链接的目标文件所在的位置，该位置可以是现有文件或网页、本文档中的位置，也可以是新建文档和电子邮件地址。本例选择"本文档中的位置"，然后在幻灯片列表中选择要链接的幻灯片，如图 12-37 所示。

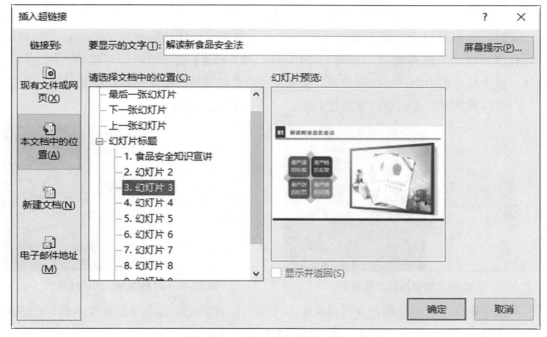

图 12-37　选择要链接的幻灯片

（4）在"要显示的文字"文本框中输入要在幻灯片中显示为超链接的文字，默认显示在文档中选定的内容。

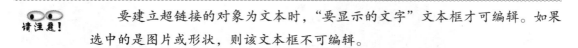

　　　　要建立超链接的对象为文本时，"要显示的文字"文本框才可编辑。如果选中的是图片或形状，则该文本框不可编辑。

（5）单击"屏幕提示"按钮，弹出如图 12-38 所示的"设置超链接屏幕提示"对话框，在文本框中输入鼠标指针移动到超链接上时显示的提示文本。本例输入"解读新食品安全法"，然后单击"确定"按钮，关闭对话框。

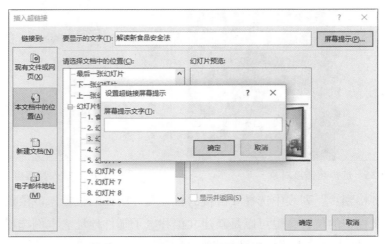

图 12-38 "设置超链接屏幕提示"对话框

（6）设置超链接的各项内容后，单击"确定"按钮，一个超链接就设置好了。

此时，超链接显示为带下划线的蓝色文字，将鼠标指针移到建立了超链接的对象上时，会显示指定的屏幕提示，如图 12-39 所示。按【Ctrl】键并单击即可跳转到指定的幻灯片；单击状态栏中的"幻灯片放映"按钮⬚，单击超链接，即可跳转到指定的幻灯片。

（7）按照同样的方法建立其他超链接，完成后的效果如图 12-40 所示。

图 12-39 超链接的屏幕提示

图 12-40 超链接完成后的效果

本例中默认的超链接颜色在目录页中并不醒目，我们可以选中超链接文本后，在弹出的格式工具栏中修改文本的颜色，如图 12-41 所示。

修改完成后的目录页效果如图 12-42 所示。

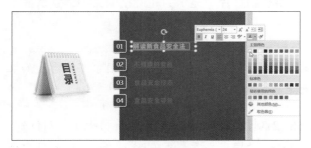

图 12-41 修改超链接文本的颜色

图 12-42 目录页的最终效果

如果演示文稿中要修改颜色的超链接文本很多，则可新建主题颜色，修改"超链接"颜色，如图 12-43 所示。保存之后，演示文稿中的所有超链接颜色将自动更新。

建立超链接之后，还可以随时对超链接进行编辑。

（8）选中设置了超链接的对象并右击，在弹出的快捷菜单中可以看到与链接相关的选项，如图 12-44 所示。

图 12-43　修改主题中的超链接颜色　　　　图 12-44　"超链接"快捷菜单

❑ 编辑链接：打开"编辑超链接"对话框，设置超链接。

❑ 打开链接：执行超链接，跳转到指定的文档或程序。

❑ 删除链接：删除选定的超链接。

12.3.2　设置动作按钮——返回目录页

在演示文稿中打开超链接后，有时需要返回原文档或幻灯片进行其他操作，例如，从目录页打开一个超链接跳转到一张幻灯片之后，希望从当前幻灯片返回目录页打开其他幻灯片。

PowerPoint 提供了在幻灯片中使用动作按钮的功能，用户在放映幻灯片时单击这些按钮即可激活另一个程序，播放声音或影片，跳转到其他幻灯片、文件和网页，以便动态地决定放映流程和内容。

下面以在幻灯片"解读新食品安全法"中添加返回目录幻灯片的按钮为例，介绍在演示文稿中添加、设置动作按钮的方法。

（1）打开幻灯片"解读新食品安全法"，单击"插入"选项卡中的"插图"组中的

"形状"按钮，在弹出的下拉列表底部可以看到预置的动作按钮列表，如图 12-45 所示。

PowerPoint 内置了一组预定义的动作按钮，将鼠标指针移到动作按钮上，即可查看该按钮的功能，如图 12-46 所示。

图 12-45　动作按钮列表

图 12-46　查看动作按钮的功能

（2）单击需要使用的动作按钮，如"转到主页"按钮，此时鼠标指针变为十字形＋，按住鼠标左键并拖动，即可在幻灯片中添加一个动作按钮。释放鼠标左键，弹出"操作设置"对话框，如图 12-47 所示。

图 12-47　添加动作按钮

在"操作设置"对话框中可以设置单击或者鼠标指针移过按钮时执行的动作。各个选项的功能简要介绍如下。

- ☐ 无动作：不添加动作，或删除已添加的动作。
- ☐ 超链接到：链接到另一张幻灯片、URL、其他演示文稿或文件、结束放映、自定义放映。
- ☐ 运行程序：运行一个外部程序。
- ☐ 运行宏：运行在"宏列表"中制定的宏。
- ☐ 对象动作：打开、编辑或播放在"对象动作"列表内选定的嵌入对象。
- ☐ 播放声音：选择一种预定义的声音或从外部导入，或者选择结束前一声音。
- ☐ 单击时突出显示：单击或者鼠标指针移过对象时突出显示。该选项对文本不适用。

（3）根据需要设置单击鼠标时的动作。本例在"超链接到"下拉列表框中选择"幻灯片…"选项，弹出"超链接到幻灯片"对话框，如图 12-48 所示。

（4）在"幻灯片标题"列表框中选中要链接到的幻灯片，本例选择"幻灯片 2"，即目录所在的幻灯片，然后单击"确定"按钮，关闭对话框。

（5）选中"播放声音"复选框，在下拉列表框中选择"停止前一声音"选项。

（6）切换到"鼠标悬停"选项卡，根据需要设置鼠标指针移到动作按钮上触发的动作。本例保留默认设置，即"无动作"。单击"确定"按钮，关闭对话框。

此时，单击"幻灯片放映"选项卡中的"开始放映幻灯片"组中的"从当前幻灯片开始"按钮，即可预览动作按钮的效果，将鼠标指针移到按钮上时，鼠标指针变为手形，如图 12-49 所示。单击即可跳转到指定的幻灯片。

图 12-48　"超链接到幻灯片"对话框

图 12-49　预览动作按钮的效果

在编辑视图中，右击动作按钮，弹出快捷菜单，选择"编辑链接"选项，弹出"操作设置"对话框，设置动作按钮的动作。

在图 12-49 中可以看到，添加的动作按钮默认含有填充效果，如果希望动作按钮能与幻灯片风格一致或融合，则可使用"形状格式"选项卡中的美化按钮。

（7）选中动作按钮，在"形状格式"选项卡中的"大小"组中输入数值，调整按钮的大小，也可以直接使用鼠标拖动按钮边框上的控制手柄。

（8）在"形状样式"组中修改按钮的填充颜色、轮廓颜色和形状，效果如图 12-50 所示。

图 12-50　修改按钮的外观

（9）将动作按钮复制到演示文稿中的其他幻灯片中。

教你一招： 修改动作按钮的形状

如果 PowerPoint 预置的动作按钮形状不能满足设计需要，那么用户可以修改按钮的形状。

（1）选择要修改的动作按钮，单击"形状格式"选项卡中的"插入形状"组中的"编辑形状"按钮。

（2）在弹出的下拉菜单中选择"更改形状"选项，弹出形状列表。

（3）在形状列表中选择要替换的形状。

此外，还可以通过"编辑顶点"选项自定义形状。

12.3.3 缩放定位——食品安全宣讲目录 2

在 PowerPoint 2016 及之前的版本中，如果没有添加超链接或动作按钮，则只能依照幻灯片顺序依次放映。PowerPoint 2019 新增"缩放定位"功能，在一张幻灯片中插入缩放定位的页面，页面中会插入相应幻灯片的缩略图，点击缩略图就能实现跨页面跳转，从而大大提升了演示的自由度和互动性。

"缩放定位"功能常用来设计目录或导航页。例如，建立一组平行幻灯片，然后使用"缩放定位"功能直接利用幻灯片缩略图进行链接。进入子幻灯片后，还可以指定是继续顺序播放还是返回总幻灯片。

下面通过制作食品安全知识宣讲目录的另一个版本，介绍"缩放定位"功能的使用方法及效果。

（1）打开待插入幻灯片缩略图的幻灯片，如图 12-51 所示。

（2）单击"插入"选项卡中的"链接"组中的"缩放定位"按钮，弹出下拉菜单。将鼠标指针移到各选项上，可以看到各选项的功能提要，如图 12-52 所示。

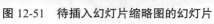

图 12-51　待插入幻灯片缩略图的幻灯片　　　　图 12-52　"缩放定位"下拉菜单

从图 12-52 可以看出，在 PowerPoint 2019 中可以插入三种形式的缩放定位。

❑ 摘要缩放定位：创建包含摘要缩放定位的新幻灯片。放映幻灯片时，可以根据整理的摘要，跳转到指定的节浏览演示文稿。

☐ 节缩放定位：创建指向某个节的链接，播放完指定节的幻灯片后，返回到节缩放定位。

☐ 幻灯片缩放定位：在演示文稿中创建指向某个幻灯片的链接。

（3）选择"幻灯片缩放定位"选项，弹出"插入幻灯片缩放定位"对话框，如图 12-53 所示。

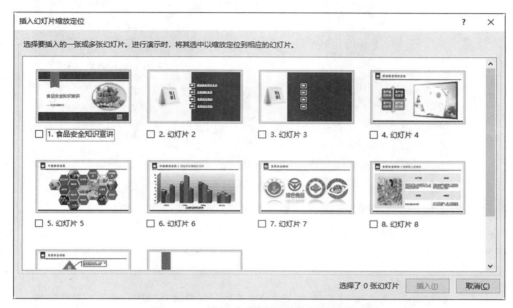

图 12-53　"插入幻灯片缩放定位"对话框

（4）选中要插入缩放定位的幻灯片缩略图下方的复选框，如图 12-54 所示。

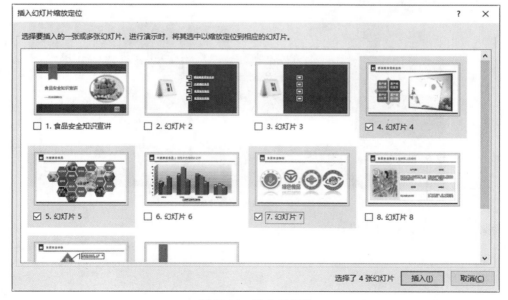

图 12-54　选中幻灯片

（5）单击"插入"按钮，关闭对话框，在幻灯片中显示选中的幻灯片缩略图，如图12-55 所示。

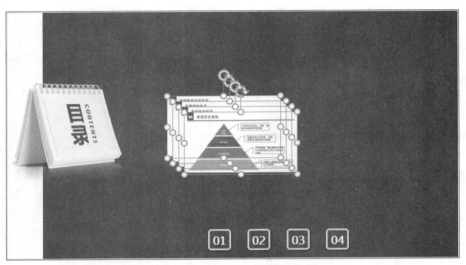

图 12-55　插入幻灯片缩略图

接下来根据设计需要排列缩略图，排列之前可以先调整缩略图的大小。

（6）选中缩略图，按住鼠标左键并拖动，将其移到合适的位置。排列缩略图时，借助智能参考线可以很方便地排列和对齐图片，如图12-56 所示。

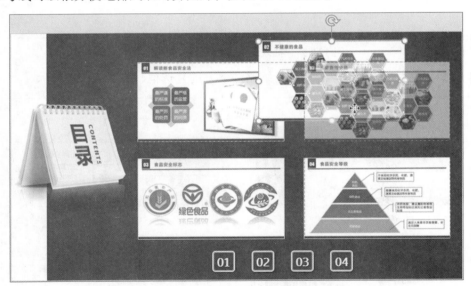

图 12-56　移动缩略图的位置

缩略图排列完成后的效果如图12-57 所示。

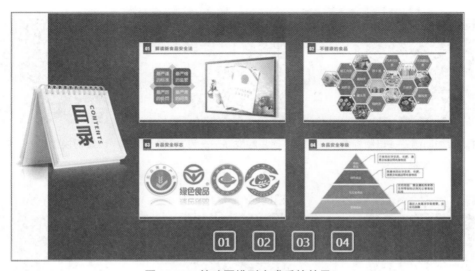

图 12-57　缩略图排列完成后的效果

接下来放映幻灯片，查看缩放定位的效果。

（7）单击"幻灯片放映"选项卡中的"开始放映幻灯片"组中的"从当前幻灯片开始"按钮，即可放映幻灯片。将鼠标指针移到一张缩略图上，鼠标指针显示为手形🖑，如图 12-58 所示。

（8）单击，选中的缩略图放大，平滑地切换到指定的幻灯片开始播放。

从上面的效果可以看出，"缩放定位"功能相当于"平滑"切换的一种特殊形式，"平滑"切换针对的是页面对象，而"缩放定位"针对的是幻灯片。

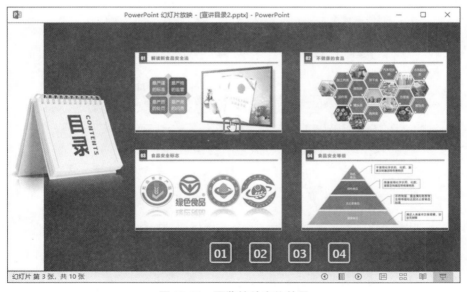

图 12-58　预览缩放定位效果

12.1.1　添加动画——母版标题
　　　　效果

12.1.2　使用触发器——诗文赏析

12.2　设置切换效果——诗文诵读

12.3.1　添加超链接——食品安全
　　　　宣讲目录

12.3.2　设置动作按钮——返回
　　　　目录页

12.3.3　缩放定位——食品安全
　　　　宣讲目录 2

第 13 章　展示幻灯片

制作演示文稿是为演讲做准备工作，全部准备工作完成以后，就可以展示幻灯片了。

在展示幻灯片时，可以根据演讲需要和受众的不同，放映不同的幻灯片集合，控制幻灯片元素播放的时间；根据演讲用途设置不同的放映方式，还可以在放映时使用画笔工具标记重点。

13.1　放映前的准备

在正式展示幻灯片之前，有时还需要对演示文稿进行一些设置，例如，面向拥有不同需求的观众，展示不同的幻灯片内容，或者根据演讲进度控制幻灯片的播放节奏等。

13.1.1　自定义放映——食品安全等级

使用自定义放映功能，可以在一份演示文稿中定义有差别的幻灯片集合，针对不同的观众放映同一份演示文稿的不同版本。例如，针对某项目规划设计方案做了一份演示文稿，对招商客户可以展示总体规划和商业模式；在部门内部可以展示发展背景和效益分析；对外宣传时，则可以展示总体规划。

下面以创建自定义放映"食品安全等级"为例，介绍自定义放映的操作方法。

（1）打开演示文稿，单击"幻灯片放映"选项卡中的"开始放映幻灯片"组中的"自定义幻灯片放映"按钮，在弹出的下拉菜单中选择"自定义放映"选项，弹出如图 13-1 所示的"自定义放映"对话框。

如果没有建立过自定义放映，那么列表中没有内容；如果已创建过自定义放映，则列表中会显示自定义放映列表。

（2）单击"新建"按钮，弹出如图 13-2 所示的"定义自定义放映"对话框。

图 13-1　"自定义放映"对话框

图 13-2　"定义自定义放映"对话框

（3）在"幻灯片放映名称"文本框中输入一个意义明确的名称，有助于演讲者在放映时区分不同的自定义放映。本例中输入"食品安全等级"。

（4）在左侧的幻灯片列表框中选择要放映的幻灯片，单击 添加(A) 按钮，选中的幻灯片将出现在右侧列表框中，表示已加入到自定义放映队列中，如图 13-3 所示。

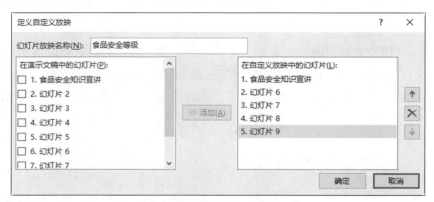

图 13-3　添加到自定义放映中的幻灯片

　在自定义放映的幻灯片队列中，同一张幻灯片可以出现多次。

添加完幻灯片之后，还可以根据需要删除幻灯片、调整幻灯片的播放顺序。

（5）在对话框右侧的列表框中选中不希望放映的幻灯片，单击"删除"按钮☒，即可删除选中的幻灯片，幻灯片列表中的编号将自动重排。

　　　　　　　　　双击左侧列表框中的某张幻灯片，即可将幻灯片添加到右侧的自定义放映幻灯片队列中；双击右侧列表框中的某一张幻灯片，即可从自定义放映队列中删除幻灯片。

（6）在右侧列表框中选中要调整顺序的幻灯片，单击"向上"按钮⬆或"向下"按钮⬇，即可将选中的幻灯片向上或向下移动。

（7）单击"确定"按钮，完成自定义放映的创建，返回"自定义放映"对话框。在自定义放映列表中可以看到已创建的自定义放映，如图 13-4 所示。

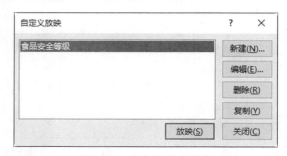

图 13-4　自定义放映列表

- □ 编辑：打开"定义自定义放映"对话框，增删自定义放映中的幻灯片或调整播放顺序。
- □ 删除：删除当前选中的自定义放映。
- □ 复制：制作当前选中的自定义放映的一个副本，并将其保存为新的自定义放映。这在要自定义放映内容相似的演示文稿时很有用。
- □ 放映：全屏播放当前选中的自定义放映。

（8）设置完毕，单击"关闭"按钮，关闭对话框。

13.1.2　控制播放时间

有时候，演讲者可能需要根据演讲进程控制幻灯片播放的时间，或者希望幻灯片自动播放，这时可以设置幻灯片放映的时间间隔。设置幻灯片放映的时间间隔有两种方法，下面分别介绍这两种方法。

1. 手动设置播放时间

（1）打开演示文稿，切换到"幻灯片浏览"视图。

（2）选中一张或多张要设置播放时间的幻灯片，在"切换"选项卡中的"计时"组中选中"设置自动换片时间"复选框，然后在数值框中填入时间，如图 13-5 所示。

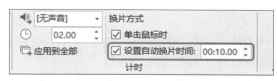

图 13-5　手工设置播放时间

设置好播放时间之后，幻灯片浏览视图中相应的幻灯片下方将显示播放时间，如图13-6 所示。

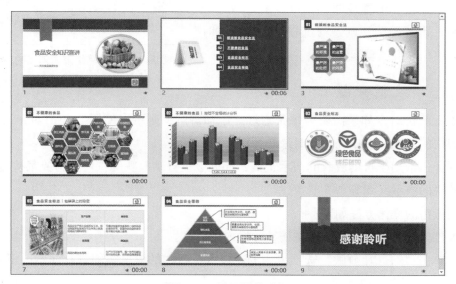

图 13-6　显示播放时间

2. 使用排练计时

手动设置的时间并不准确，使用排练计时功能可以在排练时自动记录每张幻灯片播放的时间，并且便于排练之后手工调整时间。

（1）打开演示文稿并切换到"幻灯片浏览"视图。

（2）单击"切换"选项卡中的"计时"组中的"排练计时"按钮，启动全屏幻灯片放映，左上角将显示排练计时工具栏，如图 13-7 所示。

图 13-7　排练计时工具栏

排练时，PowerPoint 将记录每张幻灯片所用的时间。排练计时工具栏中各按钮的功能如下。

- ❏ "下一项"按钮 ➔ ：单击该按钮即可结束当前幻灯片的放映和计时，开始放映下一张幻灯片，或播放下一个动画。
- ❏ "暂停"按钮 ❙❙ ：单击该按钮即可暂停幻灯片计时，再次单击该按钮，则继续计时。
- ❏ 第一个时间框：显示当前幻灯片的放映时间。
- ❏ "重复"按钮 ↩ ：单击该按钮即可回到刚进入当前幻灯片的时刻，重新开始当前幻灯片的计时。
- ❏ 第二个时间框：显示从排练开始的总时间。

按【Esc】键或关闭排练计时工具栏即可中止排练。

（3）排练结束后，弹出一个对话框询问是否保存本次排练结果，如图 13-8 所示。单击"是"按钮，本次排练的时间将自动作用在每张被放映的幻灯片上。

为得到更精确的播放时间，可以手工做进一步的调整，重复排练和调整的过程。在保存计时后，可以使用它们自动运行放映。

图 13-8　排练结束后弹出的对话框

13.1.3　录制旁白

在进行演讲时，如果需要为每张幻灯片添加讲解，则可以使用 PowerPoint 2019 自带的录制旁白的功能，在排练的同时录制旁白。

录制旁白常用于自动放映的演示文稿，如展会上自动放映的宣传资料或某些需要特定的个人解说的演示文稿等。

录制旁白的操作方法如下。

（1）打开要录制旁白的演示文稿，并插入麦克风。

（2）单击"幻灯片放映"选项卡中的"设置"组中的"录制幻灯片演示"下拉按钮，弹出下拉菜单，如图 13-9 所示。

图 13-9　"录制幻灯片演示"下拉菜单

使用"录制幻灯片演示"按钮可以录制旁白，增加墨迹、激光笔势以及幻灯片和动画计时，在自动播放幻灯片演示时十分有用。

（3）选择"从头开始录制"选项，进入幻灯片全屏录制界面，如图 13-10 所示。

图 13-10　幻灯片全屏录制界面

屏幕左上角是录制控件，从左到右依次为"录制"按钮◉、"终止录制"按钮▣ 和"重新录制当前幻灯片"按钮▶。

（4）单击"录制"按钮◉，屏幕上显示倒计时，倒计时结束后开始自动播放当前幻灯片，此时，"录制"按钮◉变为"暂停"按钮▮▮，幻灯片左上角显示"正在进行录制"。通过话筒录制旁白内容，幻灯片左下角显示当前幻灯片的录制时间。

（5）单击幻灯片右侧的"前进到下一动画或幻灯片"按钮◉，播放当前幻灯片中的下一个动画，或进入下一张幻灯片。

此时，"返回到上一张幻灯片"按钮◀不可用。

（6）单击录制控件右侧的"备注"按钮，即可显示或隐藏备注内容，以便用户录制旁白。显示备注时，还可以根据需要调整备注文本的字号，如图 13-11 所示。

图 13-11　调整备注字号

界面底部显示墨迹书写工具，供用户演示时对内容进行圈点或注释。

（7）在录制界面底部选择笔或荧光笔，并设置墨迹颜色，即可在录制时圈划重点，如图 13-12 所示。

图 13-12　使用墨迹书写

录制的范围一般是到最后一张幻灯片为止，中途要结束放映时，可以随时按【Esc】键或"停止"键█停止录制。

（8）录制完成后，右击并在弹出的快捷菜单中选择"结束放映"选项，结束录制。

（9）切换到幻灯片浏览视图，在幻灯片右下角可以看到音频图标和录制时间，如图 13-13 所示。

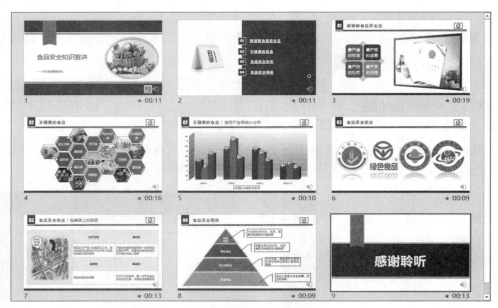

图 13-13　幻灯片浏览视图

（10）切换到"普通"视图，单击幻灯片中的音频图标，弹出播放控件，如图 13-14 所示。单击"播放"按钮，即可预览旁白的录制效果。

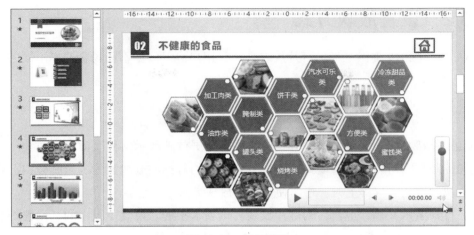

图 13-14 播放控件

请注意！　　通过 PowerPoint2019 录制的旁白插入幻灯片后，默认单击音频图标后播放，不能随着幻灯片的打开自动播放。

如果对某一页幻灯片的旁白不满意，则可清除该页中的旁白，再重新录制，步骤如下。

（1）切换到该页幻灯片，在"录制幻灯片演示"下拉列表中选择"清除"选项，在级联菜单中选择"清除当前幻灯片中的旁白"选项，如图 13-15 所示，清除当前幻灯片中的旁白。

图 13-15 选择"清除当前幻灯片中的旁白"选项

（2）单击"幻灯片放映"选项卡中的"设置"组中的"录制幻灯片演示"按钮，在弹出的下拉菜单中选择"从当前幻灯片开始录制"选项。

（3）录制完成后，按【Esc】键退出。

请注意！　　如果在录制幻灯片演示时单击右上角的"清除"按钮，在弹出的下拉菜单中选择"清除当前幻灯片上的记录"选项（见图 13-16），则不仅会清除当前幻灯片中的旁白，还会清除当前幻灯片中的墨迹、激光笔势，以及幻灯片和动画的计时。

图 13-16 选择"清除当前幻灯片上的记录"选项

13.2　设置放映方式

PowerPoint 2019 提供三种幻灯片放映方式，用户可以依据不同场合选择不同的方式放映幻灯片。

13.2.1　演讲者放映

"演讲者放映"（全屏幕）放映方式通常用于全屏放映演示文稿。演讲者对演示文档具有完全的控制权，可以使用自动或者人工方式干预幻灯片的放映流程、录制旁白。需要将幻灯片放映投射到大屏幕上时，可以使用这种放映方式。

（1）打开演示文稿，单击"幻灯片放映"选项卡中的"设置"组中的"设置幻灯片放映"按钮，弹出如图 13-17 所示的"设置放映方式"对话框。

（2）在"放映类型"区域中选中"演讲者放映"（全屏幕）单选按钮。

（3）设置放映选项。

❑ 循环放映，按【ESC】键终止：幻灯片循环播放，直到按【ESC】键退出。

❑ 放映时不加旁白：放映幻灯片时不播放旁白。

❑ 放映时不加动画：放映幻灯片时不显示动画。

❑ 禁用硬件图形加速：计算机使用带有 3D 支持（Microsoft DirectX）的显示卡时，取消选中该复选框可获得更佳的动画性能。

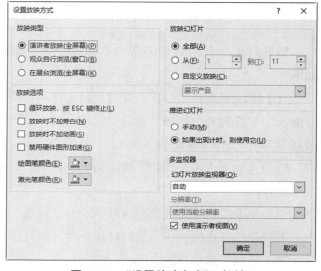

图 13-17　"设置放映方式"对话框

（4）需要在放映过程中使用画笔时，可以设置绘图笔和激光笔颜色。有关画笔的设置将在下一节中进行介绍。

（5）在"放映幻灯片"区域设置放映幻灯片的范围。

PowerPoint 默认从第一张幻灯片播放到最后一张幻灯片，用户也可以设置要播放的幻灯片的编号范围。若之前创建了自定义放映，则可以选择要播放的幻灯片队列。

（6）在"推进幻灯片"区域设置幻灯片的切换方式。

❑ 手动：通过鼠标或按钮控制播放进程。

❑ 如果出现计时，则使用它：按预定的时间或排练计时播放幻灯片。

（7）需要多屏放映幻灯片时，可以在"多监视器"区域设置监视器和屏幕分辨率。

（8）单击"确定"按钮，返回 PowerPoint 主界面。

（9）单击"幻灯片放映"选项卡中的"从当前幻灯片开始"按钮 ，或者按快捷键【F5】即可预览放映效果。放映时在屏幕上右击，弹出如图 13-18 所示的快捷菜单，通过该菜单可控制幻灯片播放。

❑ 下一张：放映下一张幻灯片。

❑ 上一张：放映上一张幻灯片。

❑ 查看所有幻灯片：显示所有幻灯片的缩略图，如图 13-19 所示。

❑ 放大：放大幻灯片中的指定区域，此时该选项变为"缩小"。选择"缩小"选项，恢复原始尺寸显示。

图 13-18　放映控制快捷菜单

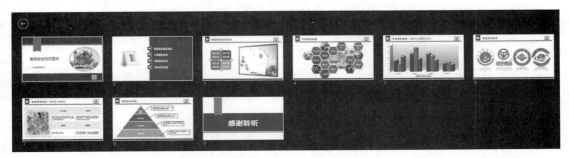

图 13-19　所有幻灯片的缩略图

❑ 自定义放映：播放自定义的幻灯片队列。

❑ 显示演示者视图：进入演示者视图，如图 13-20 所示。此时，单击"隐藏演示者视图"按钮，即可关闭演示者视图。

图 13-20　演示者视图

❑ 屏幕：将屏幕变为黑屏或白屏，还可以设置是否显示墨迹和任务栏。

❑ 指针选项：设置画笔的种类和墨迹颜色。

❑ 暂停：幻灯片暂时停止播放。

❑ 结束放映：结束放映，返回编辑视图。

13.2.2　观众自行浏览

"观众自行浏览"（窗口）放映方式通常用于小规模演示。演示文稿将显示在小型窗口中，状态栏中将显示按钮，用于在放映时定位、复制、编辑和打印幻灯片。此时，绘图笔和多监视器选项不可用。

（1）单击"幻灯片放映"选项卡中的"设置"组中的"设置幻灯片放映"按钮，弹出"设置放映方式"对话框，选中"观众自行浏览"（窗口）单选按钮。

（2）单击左下角的"幻灯片放映"按钮 ☷，PowerPoint 将以"观众自行浏览"放映方式放映幻灯片，如图 13-21 所示。

在这种放映方式下，单击并不能切换幻灯片，切换幻灯片单通过单击窗口状态栏上的"上一张"或"下一张"按钮，或者按【Page Up】和【Page Down】键实现。

（3）单击状态栏中的"菜单"按钮 ▤，或在屏幕的任意位置右击，弹出如图 13-22 所示的快捷菜单。

图 13-21　"观众自行浏览"放映方式　　　　图 13-22　观众自行浏览模式下的放映控制快捷菜单

❏ 下一张：放映下一张幻灯片。

❏ 上一张：放映上一张幻灯片。

❏ 定位至幻灯片：选择该选项，将在级联菜单中显示当前放映列表中的所有幻灯片，可快速切换到想要显示的幻灯片。

❏ 放大：放大幻灯片中的指定区域，此时该选项变为"缩小"。选择"缩小"选项，恢复原始尺寸显示。

❏ 打印预览和打印：弹出"打印"任务窗格，设置演示文档的打印属性。

❏ 复制幻灯片：将当前幻灯片复制到剪贴板中，供编辑使用。

❏ 编辑幻灯片：结束放映，返回编辑视图。

❏ 全屏显示：切换到"演讲者放映"放映方式。

❏ 结束放映：结束放映，返回编辑视图。

13.2.3　在展台浏览

"在展台浏览"（全屏幕）放映方式可自动全屏放映幻灯片，适用于在展示台上循环展示幻灯片。例如，在展览会场或者会议中，运行无人管理的幻灯片放映。在这种放映方式下，观众不能使用鼠标控制放映，除非单击超链接。每次放映完毕后自动重新放映。

选择这种放映方式时，"循环放映，按 Esc 键终止"复选框自动选中，且不能修改，如图 13-23 所示。如果演示文稿中没有结束放映的动作按钮，则按【Esc】键是唯一的结束放映的方式。

使用"在展台浏览"（全屏幕）放映方式放映幻灯片时，鼠标几乎毫无用处，无论单击还是右击，或者两键同时按下，均无法影响放映。如果在演示文稿中设置了排练计时，将严格按照排练计时设置的时间放映；如果没有设置排练计时，就只能对着屏幕发呆。

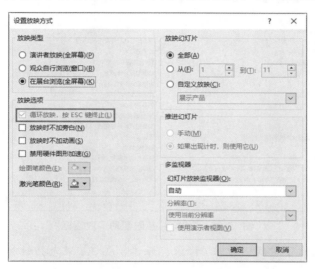

图 13-23　"在展台浏览"（全屏幕）放映方式

13.3　放映幻灯片

设置好幻灯片的放映内容和方式之后，就可以正式放映幻灯片了。

13.3.1　启动幻灯片放映

对于已经打开的演示文稿，开始放映幻灯片有以下三种方法。

 按住【Ctrl】键的同时单击"幻灯片放映"按钮 🖵，即可进入联机演示模式。

❑ 单击状态栏中的"幻灯片放映"按钮 🖵。
❑ 按快捷键【F5】。
❑ 单击"幻灯片放映"选项卡中的"开始放映幻灯片"组中的按钮，如图 13-24 所示。

图 13-24　"开始放映幻灯片"组

教你一招： 控制放映的快捷键

使用键盘或鼠标可以方便地控制放映流程和效果。

使用"演讲者放映（全屏幕）"放映方式放映幻灯片时，按【F1】键将弹出如图 13-25 所示的"幻灯片放映帮助"对话框。

图 13-25 "幻灯片放映帮助"对话框

该对话框中列出了常规、排练/记录、媒体、墨迹/激光指针和触摸等不同类别的快捷键。

教你一招： 不打开演示文稿就放映幻灯片

一般来说，在放映幻灯片之前都要先打开演示文稿。如果希望在资源管理器中直接放映幻灯片，那么可以执行以下步骤。

（1）打开演示文稿所在的文件夹。

（2）右击演示文稿，弹出快捷菜单。

（3）选择"显示"选项，即可直接全屏播放。

教你一招： 保存为 PowerPoint 放映

将制作好的演示文稿分发给他人观看时，如果不希望他人修改文件，或因 PowerPoint 版本原因影响放映效果，则可将演示文稿保存为 PowerPoint 放映文件。双击 PowerPoint 放映文件，即可自动开始放映，而且该文件不可编辑。

（1）打开要保存为 PowerPoint 放映文件的演示文稿。

（2）单击"文件"菜单选项卡中的"另存为"选项，弹出"另存为"对话框。

（3）在"保存类型"下拉列表中选择"PowerPoint 放映"（*.PPSX）选项，如图 13-26 所示。

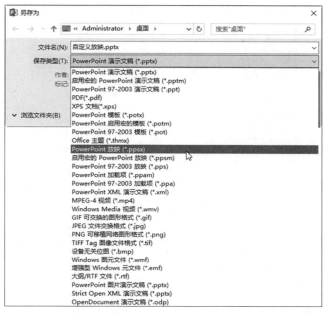

图 13-26　选择"PowerPoint 放映（*.PPSX）"选项

（4）单击"保存"按钮，关闭对话框。

13.3.2　播放自定义放映

自定义幻灯片放映的常用方法有以下三种。

❑ 单击"幻灯片放映"选项卡中的"开始放映幻灯片"组中的"自定义幻灯片放映"按钮，在弹出的下拉菜单中选择要播放的自定义放映，如图 13-27 所示。

❑ 在"演讲者放映"放映方式下右击，弹出快捷菜单，选择"自定义放映"选项，在弹出的级联菜单中选择一个自定义放映，如图 13-28 所示。

图 13-27　使用菜单命令

图 13-28　放映时选择自定义放映

❑ 单击"幻灯片放映"选项卡中的"设置"组中的"设置幻灯片放映"按钮，弹出

"设置放映方式"对话框，在"放映幻灯片"区域中选中"自定义放映"单选按钮，然后在下拉列表中选择一个自定义放映，如图 13-29 所示。

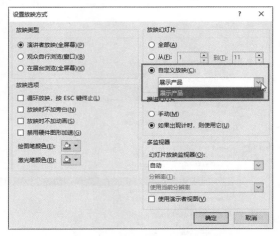

图 13-29　选择自定义放映

　用户还可以在演示文稿中创建一个超链接或动作按钮，指向一个自定义放映，供播放时使用。

教你一招：用移动设备控制幻灯片放映

在展示演示文稿时，通常会使用专业的红外遥控笔控制幻灯片放映。事实上，用手机也可以很轻松地实现幻灯片翻页和激光笔功能。用于控制幻灯片播放的 App 有很多，此处以百度袋鼠为例进行介绍。

（1）打开浏览器，在地址栏中输入 ppt.baidu.com，下载百度袋鼠的安装程序。

（2）双击运行安装程序，安装完成之后使用手机扫描二维码进行连接。

（3）打开要展示的演示文稿，在手机上点触"播放"按钮，按照提示就可以控制幻灯片播放了。

此外，PowerPoint 2019 还支持使用 Surface 触控笔或其他任何带蓝牙按钮的触控笔控制幻灯片放映。

13.3.3　使用画笔

在放映幻灯片时，有时需要在幻灯片中重要的地方书写或圈点，以标记重点，辅助演讲者更好地表达要讲解的内容。使用 PowerPoint 2019 提供的画笔功能，可以设置笔尖的大小、形状和颜色，在放映的幻灯片上进行勾画，还可以保存或擦除勾画的墨迹。

（1）在放映幻灯片时右击，弹出快捷菜单，选择"指针选项"选项，在弹出的级联菜单中选择笔尖类型，如图 13-30 所示。

（2）再次打开如图 13-30 所示的快捷菜单，在"指针选项"的级联菜单中选择"墨迹颜色"选项，在弹出的级联菜单中设置墨迹颜色，如图 13-31 所示。

图 13-30　选择笔尖类型　　　　　　　　图 13-31　设置墨迹颜色

（3）按住鼠标左键在幻灯片上拖动，即可绘出笔迹，如图 13-32 所示。

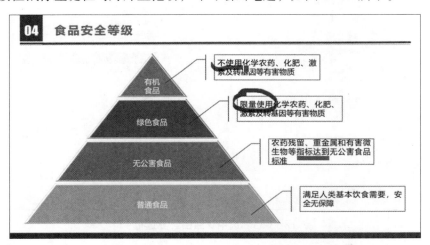

图 13-32　在幻灯片中涂画

 如果选择笔尖类型时选了"激光笔"，则不能在幻灯片上进行涂画。

教你一招：使用墨迹书写和绘图

墨迹书写功能与 Photoshop 中的"画笔"功能类似，其实就是一个着色画笔。在 PowerPoint 2019 中，不仅可以在放映时使用画笔在幻灯片上标注，还可以在编辑幻灯片时使用手绘笔和荧光笔快速在幻灯片上添加符号和批注，这对经常讲解演示文稿的用户来说十分有用。

墨迹书写功能在"绘图"选项卡中，在默认情况下，"绘图"选项卡并不显示在功能区中。

（1）单击"文件"选项卡中的"选项"选项，弹出"PowerPoint 选项"对话框，在左侧的列表框选择"自定义功能区"选项。

（2）在"自定义功能区"下拉列表框中选择"主选项卡"选项，然后在下方的主选项卡列表中选中"绘图"复选框，如图 13-33 所示。

图 13-33 选中"绘图"复选框

（3）单击"确定"按钮，关闭对话框。此时，在功能区即可看到"绘图"选项卡，如图 13-34 所示。

图 13-34 "绘图"选项卡

PowerPoint 2019 内置多种笔刷，并允许用户自行调整笔刷的色彩及粗细，如图 13-35 所示。

（4）选择需要的画笔、颜色和粗细之后，按住鼠标左键并在幻灯片上拖动，即可开始书写墨迹。

除了可以在已有图像上涂鸦，还可以将墨迹直接转换为形状，以便后期编辑时使用。

需要修改或删除幻灯片上的笔迹时，可以擦除墨迹。

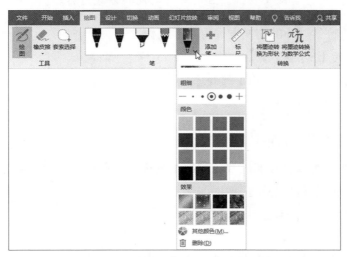

图 13-35 设置画笔粗细、颜色和效果

（5）单击"绘图"选项卡中的"工具"组中的"橡皮擦"按钮，在弹出的下拉菜单中选择需要使用的橡皮擦工具，如图 13-36 所示。当鼠标指针变为🖊时，单击创建的墨迹，即可擦除墨迹。

图 13-36 "橡皮擦"下拉菜单

（6）擦除墨迹之后，按【Esc】键退出橡皮擦的使用状态。

书写的墨迹可以在 PowerPoint 编辑窗口中查看，在放映时也会显示。如果不希望在幻灯片中显示所有的墨迹，则可单击"审阅"选项卡中的"墨迹"组中的"隐藏墨迹"按钮。

请注意！ 隐藏墨迹并不是删除墨迹，再次单击该按钮将显示幻灯片中的所有墨迹。

13.3.4 暂停／继续放映

在放映幻灯片的过程中，除了顺序播放或定位到指定的幻灯片播放，演讲者还可以根据演讲进程暂停播放，临时增添讲解内容，讲解完成后继续播放。

请注意！ 并非所有幻灯片都支持暂停／继续播放。暂停／继续播放的前提是当前幻灯片中包含自定义动画，且幻灯片的切换方式为自动。

暂停／继续放映幻灯片的切换方式有以下三种：

❏ 按键盘上的【S】键；

❏ 同时按大键盘上的【Shift】键和【+】键；

❏ 按小键盘上的【+】键。

13.3.5　设置黑白屏

在放映过程中，如果需要暂时隐藏屏幕上的内容，则可退出放映视图，结束放映。另外一种更简便的操作是设置黑屏或白屏。

黑屏或白屏类似操作系统中的屏保，可有效地隐藏放映的幻灯片内容。

（1）在放映幻灯片的过程中，按【W】键或【,】键，即可进入白屏模式。

（2）如果要退出白屏，则可按键盘上的任意一个键，或者右击，在弹出的快捷菜单中选择"屏幕"选项，在弹出的级联菜单中选择"取消白屏"选项，如图 13-37 所示。

（3）按【B】键或【.】键，即可进入黑屏模式，按键盘上的任意一个键，或者右击，在弹出的快捷菜单中选择"屏幕"选项，在弹出的级联菜单中选择"取消黑屏"选项，即可退出黑屏模式。

图 13-37　选择"取消白屏"选项

13.1.1　自定义放映——食品安全等级